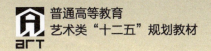
普通高等教育
艺术类"十二五"规划教材

公共艺术设计

+ 张燕根 丁硕赜 张泽佳 编著 +

PUBLIC ART DESIGN

U0191617

人民邮电出版社

北 京

图书在版编目（CIP）数据

公共艺术设计 / 张燕根，丁硕赜，张泽佳编著. --
北京：人民邮电出版社，2015.8（2024.7重印）
普通高等教育艺术类"十二五"规划教材
ISBN 978-7-115-39624-2

Ⅰ. ①公… Ⅱ. ①张… ②丁… ③张… Ⅲ. ①建筑设
计－环境设计－高等学校－教材 Ⅳ. ①TU-856

中国版本图书馆CIP数据核字(2015)第169497号

内 容 提 要

全书共 6 章，主要内容包括公共艺术概述、公共艺术设计基础、公共艺术创作形式、公共艺术
规划与设计表现、公共艺术项目流程和公共艺术作品赏析等内容。

本书可作为普通高等院校公共艺术设计、环境艺术设计、城市景观设计等专业相关课程的教材，
也可作为环境艺术设计、公共艺术设计爱好者的参考用书。

◆ 编 著 张燕根 丁硕赜 张泽佳
  责任编辑 许金霞
  责任印制 沈 蓉 彭志环
◆ 人民邮电出版社出版发行   北京市丰台区成寿寺路 11 号
  邮编 100164   电子邮件 315@ptpress.com.cn
  网址 http://www.ptpress.com.cn
  固安县铭成印刷有限公司印刷
◆ 开本：787×1092 1/16
  印张：10.25   2015 年 8 月第 1 版
  字数：235 千字   2024 年 7 月河北第 10 次印刷

定价：48.00 元
读者服务热线：(010)81055256 印装质量热线：(010)81055316
反盗版热线：(010)81055315

作者简介

张燕根

毕业于中国人民解放军艺术学院美术系

现任广西艺术学院造型艺术学院副院长、教授、硕士研究生导师

广西艺术学院学术委员会委员、公共艺术设计学科带头人

中国美术家协会会员

中国雕塑专业委员会委员

中国教育专家委员会委员

漓江画派促进会常务理事

广西海联画院院长

多次应邀参加国际创作、展览、研讨会，公共艺术(雕塑)作品被收藏并点缀着世界五大洲多个国家的公园、绿地和中国多个城市。

在中国美术馆(北京)、朱屺瞻艺术馆(上海)、广西博物馆(南宁)，以及比利时那幕尔举办个人艺术作品展。

先后出版《张燕根公共艺术》《张燕根雕塑》《张燕根雕塑艺术》法文版(比利时)《装饰雕塑》《张燕根陶艺》。

作品被中国文化部、中国现代美术博物馆、上海朱屺瞻艺术馆，及法国、比利时、荷兰、加拿大等国家的政府、博物馆或艺术机构收藏，艺术事迹被中央电视台、新华社、《人民日报》《中国日报》《美术》《艺术世界》《雕塑》及法国、加拿大、澳大利亚等多家新闻机构或专业刊物发表并专题介绍。

张燕根近照

公共艺术——人文精神的觉醒

Public Art—the Humanistic Awakening

张燕根 By Zhang Yan-gen

公共艺术目前在中国艺术教育和城市建设领域是一个热门词汇，关于公共艺术的讨论在国内外都日趋多样，非常热烈。正因为公共艺术在视觉艺术学科领域有鲜明的时代性和自身的特殊性，更由于它跟其他学科有模糊、交叉的诸多方面，因此公共艺术的教学研究领域迫切需要进行深入的探讨和研究。但是，公共艺术在教学领域至今还没有形成完整的教材，为此，我们根据自己多年参与国内外公共艺术的创作实践和从事公共艺术教学的成功经验，以及遍访世界五大洲所积累的许多公共艺术作品优秀案例，汇集了优秀公共艺术家们的相关资料，并从基础教学到设计规划研究等方面规纳总结出一套行之有效的教学方法，编写了这本全方位解释和介绍公共艺术的教程，希望能对中国的相关艺术院校公共艺术教学与实践起到一定的学习借鉴作用，从而实现相互促进和提高，也相信能为有志于学习公共艺术的学子们起到示范教学作用，为中国的公共艺术教育教学事业的发展和中国美好的城镇化建设做出我们应有的贡献。

关于人文精神

一、人文精神

人文精神是指超越性，是对生命意义的追求。人文精神又是人们在探索未知世界过程中，不因前路迷茫而退却，追求真理，积极进取，坚韧不拔的精神。现代人文精神摒弃了几千年来封建社会对个人价值的漠视，把人看作宇宙间最高价值来尊重，肯定每个人存在于这个世界上独一无二的价值和意义。人文精神正体现了人对自我价值的认知与肯定，人在人类活动中应该是最有价值、最值得尊重的。这样的尊重是人类文明发展的重要表现，也是人类发展以来所能达到的最高包容性的体现。

人是比动物更高级的一种存在，而现代人文精神则是人类社会一种最自由的精神存在。现代人文精神最重要的意义在于，它除了强调人本体在自然界中的生存存在外，更强调着人之于世界，还有着精神性的存在。从精神性来说，人还属于本质界、本体界，而不光属于现象界。人生所追求的不仅仅是物质，因为除了物质的富足外，人还应该追求更高尚的人生意义与价值，也就是对自我的一种超越。当我们认知这个世界时，需要长期积累的过程才能达到对本质的理解与明晰，掌握事物的规律；事实上这是一种经验。而超越性则超出这个范畴，是在这个范畴里解决不了的问题，但人还是积极地去探求。在人的超越性中，归根结底是在探求人为什么活着，活着的意义在哪里，也就是在为生命找一个意义，寻找一个比生命本身更高的意义，并不仅仅是简单地活着，还要让自己活得有理想、有意义和更有价值。

二、公共艺术与人文精神

公共艺术是介于纯艺术与设计之间的综合性艺术。其存在是社会发展的必然，而时代人文精神的发展正是公共艺术孕育的温床。每个社会阶段的发展必然带来新的精神风貌，而新的精神风貌必将产生新的艺术形式，两者是相辅相成的。在人文精神的三要素中，公共艺术的存在就是人文精神的最终体现。在体现时代精神的背景下，公共艺术又有别于架上艺术，作者可尽情表现自我内心的情感世界。从本质属性来看，公共艺术体现出一种融合的趋势，也就是说注重人与人之间的交流与对话。公共艺术形式的表达实际上是对环境文化哲学态度与精神的综合表达，是一种设计文化。

随着现代公共艺术的发展，公共艺术已从纯粹意识形态的纪念性、宣传性而转向对艺术形式语言的探索，以及形象语言的追求；开始关注到空间环境与地域文化及其生态的关系；强调设计对文化整体的关注与对话，开始了对城市环境形态的整体规划与合理设计的参与；注重挖掘一个城市的灵魂而建立强有力的城市品牌。

民主、开放，合作、交流、共享是现实公共艺术在城市环境中重要的指导思想，而这正是人文精神的人性特征，这使我们更能感受到人的本我觉醒，我们更尊重他人，更尊重自己存在的价值。从大的公共空间领域来说，过去的天安门城楼是古人王权的象征，这样大规模的建筑群都属于王权，人民都是皇帝的奴仆，虽然在其中劳作，但这不属于公共所有。新中国成立后的今天，我们都能很自由地参观天安门城楼，于是它成为公共所有，这是新时代民主、开放的体现。而公共艺术的空间性、公共性也正是这一体现。

成功的公共艺术作品是艺术与时代人文精神的有机结合，而不仅仅充当历史性的文化载体，通过现代人理性的精神分析，将自己的情感通过视觉符号加以强化，找到时代所共同的精神需求，引领着时代最先进的文化脉搏。公共艺术所面对的人群是整个社会大众，为大众服务，在社会中寻找共性，反映的是现代人的所思所想，关照人们的内心活动。在此层面上，公共艺术还引领着人们对美的认识，引导人们对未来的追求与向往，不断地探索事物的本源和人们的生存状态，给人以启示和关照。公共艺术是与大众沟通的艺术语言形式与展示形态，公共艺术寻求的是人们的大众认同感，这种认同感是人们内心深处所共有的，所以它又是艺术精神内涵的高度浓缩与公共展示的结合，因此现代的公共艺术中必定蕴含着时代人文精神的内涵，这种精神是大众所共同拥有的。

三、公共艺术——觉醒的人文

1. 净化公众心灵，充实精神空间

现代社会高速发展，人们都忙于自己的事业，生活节奏过快，甚至有些还超出了人们心灵所承受的极限。在忙碌的都市，繁忙让人们无暇顾及身边的家人与朋友，渐渐地人们变得浮躁不安与孤独。公共艺术作为一种公共开放空间的艺术创作，一种重要的视觉艺术形式，它首先带给公众的是视觉美感与精神上的审美愉悦。公共艺术作为与广大公众距离最近的艺术形式，更利于公众把其作为情感对象进行感知和把握，在人们困乏的时候能及时地将他们带到另一个高度的精神领域，引发人们对美的向往与思考。公共艺术让公众在冷漠的城市找到心灵的安慰，带给公众希望，从而净化人们的心灵，这还有利于社会朝着健康有序、繁荣和谐的方向发展。这种境界的塑造会使公众在心灵的震荡与洗礼中培养起审美的人生态度，并最终使心灵不断得到陶冶、人性不断得到构建。

公共艺术应该反映当代人的情感。现代城市生活规范化、机械化，人们在城市的生活中难免遗失许多人类本身的精神家园。公共艺术作为城市建设中重要的精神载体介入到城市生活，反映现代人的精神现象、文化现象。它所植入的是"精神养料"，是城市人精神空间匮乏时的补白、心灵的归宿。公共艺术的艺术形式通过作品渗透到人们的精神层面，在人们心中平静的湖面激起涟漪，公共艺术作品所引领的精神现象是公共艺术存在的最终目的，是觉醒的人文。

2. 城市品牌与美誉度

经典的公共艺术作品出世往往会给人带来一种新的视觉冲击、新的观念、新的思维。在我们这样一个视觉泛滥的时代，公共艺术作品无疑是一缕清风，净化着人们的视觉神经，唤醒人们对艺术美的认知度，唤醒人们精神世界的需求，唤醒人们对艺术的更高要求。

公共艺术作品多见于大型公共场所、绿地、庭院、高速公路旁，给人的感觉是轻松的、健康的、向上的、积极的、唯美的，是物质空间和精神空间的联结，是地域文化的具体呈现，是人文精神追求的代言。如为人所熟知的法国巴黎的埃菲尔铁塔和美国芝加哥的"云门"，它们是打开城市天空的"望远镜"，是城市的形象代言人，让更多人了解、向往这两个城市。在这个层面上，公共艺术的"广告效应"给公众带来了城市的美誉度和信任感，直接就能给城市带来可观的经济收入与间接影响，提升城市的品牌与形象。

3. 认识美、发现美、珍视美

艺术的价值在于创造与众不同，它是一种思维方式、一种修养的结果，而不仅仅是技术所能达到的。艺术也是人类心灵自我反省的一种方式，是剖析人类自身思想根源的手段，艺术落脚点在于人性的真善美，它是为了人类而存在，不是对自然描摹，而是创造、创新、表达自我的本真。

公共艺术主要体现现代人的审美指向与追求。由于现代社会工业化的迅猛发展，人们的物质生活水平不断提高，生活节奏不断加快，一切都过于机械化、程序化，重复、拷贝的形式太多太容易。人们渴望轻松和谐的自然环境和与众不同的人文景观，公共艺术作品悄然切入，简练、概括、抽象、明快、富于韵律、动势、含蓄、夸张等艺术形式是现代公共艺术的特性，给人以无穷的回味、联想、揣摩，使人产生心灵的共鸣与震撼，是现代人文精神的具体体现，是现代人自我情感的外泄，是现代人关爱人类、关爱人群、关爱自我的心灵写照，是现代人本我意识的自然流露。

易中天先生认为，美学的意义在于启迪智慧。智慧不能转让，却可以启迪。启迪的方法，就是把智慧展现出来。人的智慧与知识不同，知识可以学习，而智慧却不能学习。公共艺术真正的意义在于人们对美的揭示，这种过程本身也是快乐的，认识美、发现美、珍视美是艺术家与人类社会共同参与的事物，只有建立了这样的互动关系，美才变得有意义，作品才会有价值。

自20世纪90年代末，我有幸多次应邀到过五大洲的许多国家进行公共艺术的创作、展览或研讨，作品被收藏并陈列在许多国家的公园或博物馆。同时，也参观了很多发达国家优秀的公共艺术作品。在公共艺术的创作中我将自己对公共艺术的理解融入其中，将作品巧妙地植入空间环境中，尝试多种材料运用的可能性，力求引导社会对审美的认知度，积极推广前瞻文化，带给人们新的视觉美感，将心目中的山、印象中的人、感受到的文化，以及对生命的感悟、世界的认识、环境的尊重，转化成抽象的、唯美的符号传递给人们，完成的作品是思想的积淀，是观念的升华。我积极探究人本身生存的意义，关心个体的内心世界，重视与观众之间的思想交流以及人与人之间的精神交流，注重人与空间、时间的对话。

如今，中国正赶上一个前所未有的城市化运动发展大好时期，伴随着国家反腐的深入与持续，"权力美学"的渐渐退却，可以预见：公共艺术家将是城市健康发展的生力军，将是现代文明城市的灵魂工程师。公共艺术家是城市环境品质提升的美容师，是文明城市空间艺术不可或缺的导演。

公共艺术是城市文明凝固的历史见证；

是城市人们精神的表征；

是城市价值品牌的名片；

是城市形象符号的代言；

是寄生于城市重要空间的良性细胞；

是物质空间与精神空间的桥梁；

是激活城市灵魂的酵母；

是城市建筑与人的润滑剂；

是空间的精神营养；

是人文精神的觉醒。

目 录 / C O N T E N T S

第1章
公共艺术
概述

本章概述

　　简述国内外当代公共艺术的概念、内涵及公共艺术发展，通过对公共艺术形式、特征以及与纯艺术门类的比较理解公共艺术，认识一些在公共艺术领域有较高成就的艺术家和公共艺术作品，了解中国公共艺术发展的前景和成为公共艺术家所应具备的素质。

教学目标

　　对公共艺术的概念有初步的了解，通过认知和比较来明确什么是公共艺术，理解公共艺术的特征。

本章重点

　　公共艺术的概念不同于以往的城市雕塑和壁画，公共艺术可以运用多种艺术手段为公共空间创造作品。

1.1 公共艺术的概念与内涵

1.1.1 公共艺术的概念与发展简述

何为公共艺术?这是近年来很多文化学者、艺术评论家及艺术家不断探讨和争论的一个话题。通常学术界会把公共艺术划分为两个领域来阐述,即广义的公共艺术和狭义的公共艺术。广义的公共艺术即所有的公众可以欣赏或参与的艺术形式,包括歌剧、音乐会、广场舞、电影、视觉传达、美术展等一切与公众发生关系的艺术或行为;狭义的公共艺术通常指的是为某公共空间设置的艺术作品,作品大多为视觉艺术作品如雕塑、壁画、装置、实用性艺术造型等。本书主要是在狭义的公共艺术概念下对如何设计公共艺术的方法进行探讨。(如图1-1所示)

公共艺术这个词在我国是泊来词语,它起源于20世纪六七十年代的欧美。"二战"过后各国百废待兴,大规模的城市建设随之而来,为了美化城市环境和提高城市文化品位,建设了大量的如城市雕塑、壁画等形式的公共艺术作品,之后公共艺术发展需要逐步形成自上而下的文化政策——"百分之一艺术"——在整个兴建的工程项目的所有投入资金中拿出1%的比例用于艺术品建设。后来这个政策逐步扩展至其他国家,亚洲较早运用"百分之一艺术"政策的是日本,在日本的20世纪七八十年代迎来了公共艺术建设高峰期,以至于很多日本小城市的街头都可以看得到国际级艺术家的作品,成为一批可贵的城市艺术收藏品。

图1-1 狭义的公共艺术

　　台湾是我国最早实行公共艺术政策的地区，至今一直延续着完善的公共艺术政策。每年城市管理者对公共艺术事业的大量投入使得台湾地区的文化艺术氛围浓厚，从而为提升城市文化品质立下汗马功劳。美好的城市环境不但提升了当地人们的生活质量，同时也带来了旅游、文化等各行业的繁荣。（如图1-2所示）

　　中国大陆的公共艺术建设始于20世纪90年代初，当时大批的城市雕塑、壁画如雨后春笋般落成于各大城市的广场和街道。早期由于行业处于摸索阶段，也没有完善的公共艺术文化政策，使得一些作品良莠不齐，造成了一定的资源浪费。近十几年来随着中国经济的高速发展，城市建设的刚性需求，公共艺术也得到了空前的发展；另外一些艺术院校对公共艺术学科的重视，大量专家学者的介入，为公共艺术学科的发展提供了良好的学术支撑，这一切都在向好的趋势发展，使得公共艺术行业可以大有作为。

图1-2　中国台湾的公共艺术

1.1.2 公共艺术的形式与特征

1. 公共艺术的形式

本书是在狭义的公共艺术定义内讲述公共艺术的设计方法，也就是在公共空间中的艺术作品应该如何设计的课题。当我们接到一个公共艺术项目任务时，要针对此项目的具体空间来思考如何去设计一些艺术作品，通过什么样的艺术手段去营造出一个具有审美和提供思考的场域来。

尽管是狭义的范围，公共艺术所包含的内容也是随时代的发展而不断变化的。早期是以城市雕塑和公共壁画为主，而今多种艺术形式的介入使公共艺术领域的创作形式丰富多样，新方法、新材料、新体验的不断衍生，使公共艺术设计的概念很难用某种专业技能的语汇来定义。

本书从造型艺术的角度出发，从最基本的艺术形式入手，同时又扩展了如声光电等一些新的艺术形式来讲述如何设计公共艺术的问题。（如图1-3至图1-5所示）

图1-3 《海巢》，澳大利亚（作者：张燕根）

图1-4 当代公共艺术创作形式的多样化

图1-5　街景中的公共艺术

2. 公共艺术的特征

（1）大众审美。公共艺术是为公共空间设置的艺术作品，百姓是主要的观赏者。公共艺术既要能符合百姓的审美能力又要具有前瞻性和引领性，要创造出可以让百姓自由享受的高品质的室内外空间，又能使百姓得到文化艺术鉴赏与熏陶，愉悦身心。

（2）传递正能量。一件公共艺术作品的建立会与当地大众的生活发生密切关系，公共艺术成为这个区域内的大众每天出门时都会看到的作品，作品应该传递的是愉悦、健康、积极的思想内涵；反之，如果这件作品很消极，这种消极的思想会传递给路过的人群，给人带来不良情绪。过于前卫或含有极端思想的作品也不宜成为公共艺术。

（3）城市文化内涵的体现。公共艺术不仅让人们记住这里曾经的历史，还可以让这段历史在人们心中变得弥足珍贵，为这个城市保留一段美好的回忆。公共艺术体现的是对城镇本体的一种认识和对民众的一种态度，它的意义是最大限度地带给市民自信、幸福、展望的正面影响和心灵的慰藉。

公共艺术是将艺术造型与都市空间融为一体，将思想与物象合二为一，让都市精神通过公共艺术注入人们的日常生活中。（如图1-6至图1-9所示）

图1-6　马约尔的人体雕塑，轻松浪漫，与环境完美结合

图1-7 《笑脸》，澳大利亚悉尼市的临时性公共艺术。一个施工工地的围墙，墙上是周围邻居的笑脸，体现了社区和谐和邻里和睦

图1-8 在城市的闹市区耸立起铸铁的抽象造型，表现了有关城市记忆的公共艺术作品

图1-9 这件作品被放置于城市闹市区旁一个安静的深巷子里，这些空的鸟笼子能发出鸟叫声，让人联想到大自然，与闹市形成对比，舒缓、调节人们的情绪

3. 公共艺术与纯艺术门类的区别

早期是没有专门的公共艺术家这个称呼的，当时从事公共艺术的艺术家大多数是一些雕塑家或画家，是从事某个画种的艺术家，在接触公共艺术之前一直在从事着雕塑或绘画的创作，而当某些公共艺术项目需要建设时，他们参与到这个领域，以至完成了很多的公共艺术作品。早期的艺术家是从某一专业角度介入到公共艺术创作的，随着项目任务的增多而逐渐摸索出一套实施公共艺术的办法。

而近些年来随着公共艺术学科的建设，各大艺术院校开始培养专门的从事公共艺术的工作者，学生从踏入院校开始就系统地学习有关公共艺术作品该如何设计和实施的系统知识，这是与纯艺术创作专业有较大区别的，区别表现在以下几点。

（1）出发点和目的不同。纯艺术创作注重的是艺术家个人的表达，以个人观念为主导，运用某种艺术形式来表达，观众是一种接受式的欣赏，根据观众的个人喜好选择是否接受艺术作品，是先有作品后有观众来欣赏的过程。而公共艺术是为某一区域或群体来创作，以艺术家为代言人的方式为这个区域或人群进行表达，所以观众享有一定的主动权，可以决定艺术家的人选，有时也可以直接参与作品的创作，这时公共艺术家更像是一个代言人，这就是先有观众后有作品的过程。（如图1-10至图1-12所示）

图1-10　艺术家的个人创作一般不是针对于某一个空间创作，而是个人观念、审美的表达

图1-11　公共艺术是为了一个空间而设置

图1-12　《中国铁路工程师詹天佑》，公共艺术具有在地性，当作品离开了这个空间，其意义就会消失或发生变化（作者：潘毅群）

（2）表达语言的不同。纯艺术家大多数是某一个艺术领域的专家，如国画家、油画家，即便是涉猎多个领域的艺术家也是从某一领域开始的，逐步拓展到其他领域；而公共艺术家的培养方式则是学习多个艺术学科，比如在课程设置中就包含了像线描、构成、材料、空间设计、城市雕塑、浮雕、壁画等多个学科的学习，在创作时要根据项目的需要进行设计和实施，不可用某一学科强搬硬套，艺术形式表达的合理性要占主导。

（3）观赏形式的不同。纯艺术作品大多摆放在专门的空间内进行展示，如博物馆、画廊或私人收藏空间，观众大多是主动前来观赏的，受众群体即使不是专业人士也是艺术爱好者，有主动前来欣赏艺术的目的。公共艺术经常是与观众不期而遇，当人们散步或逛街时突然会发现有一件公共艺术作品在此，作品通过自身的美感、精神内涵或互动的形式吸引人们前来，传达给人们一种美感、启示甚至是幸福感和自豪感，让人们感到在我的城市、我的生活中有这样一件公共拥有的艺术作品。

（4）艺术品早期投资方的不同。大多数纯艺术作品的投入是由艺术家自己来承担的，个别艺术家成了名后才会得到资金赞助。公共艺术大多是某些艺术项目或艺术工程，在前期就是由政府或某些机构来承担资金投入，所以是先有外界的资金投入再开始实施项目，也就是说公共艺术家几乎不用自己做资金投资。（如图1-13至图1-14所示）

图1-13 标识性的艺术造型

图1-14 市政项目的公共艺术

1.1.3 公共艺术领域的重要人物、作品与事件

1. 克里斯托夫妇与《包裹德国国会大厦》

克里斯托夫妇最为人熟知的是包裹公共建筑物和自然界，形成既熟悉又陌生的景观。他们在1969年的作品《包裹海岸》，将澳大利亚悉尼附近的整个海岸用尼龙布包裹，面积达9万多平方米，银白色的织物绵延16千米，使悬崖绝壁消失，呈现出一片未知的"朦胧"，成为陌生的人造世界。这件作品的诞生使他们在国际上广为人知。1995年6月17日，克里斯托夫妇再次呈现惊世之作——《包裹德国国会大厦》，这件作品用超过10万平方米的丙烯面料以及1.5万米的绳索，包裹了整栋德国柏林国会大厦。这是一项耗资1 000多万美元的巨大工程，建筑物最基本、最抽象的形状被强调出来。为此，克里斯托夫妇花费24年的时间说服了近200位德国议员支持他们的作品创作计划。被包裹的国会大厦展出时间仅为两周，却吸引了多达500余万名世界各地的游客。

克里斯托夫妇的作品覆盖了河流和山崖、包裹大厦和海岸，它们在视觉上极为震撼，不仅实现难度大，而且造价都是天文数字。40多年来，他们花费上千万美元，来实现这些昙花一现的超大工程。到目前为止，虽然克里斯托夫妇仅共同完成了19件作品，但每次创作都是艺术史上的重大事件。他们改变了当代艺术的面貌，并影响了全世界对公共艺术的认识观。（如图1-15所示）

图1-15 《包裹德国国会大厦》现场（作者：克里斯托夫妇）

2. 亚历山大·考尔德的《火烈鸟》

亚历山大·考尔德（1898—1976）出生于美国宾西法尼亚州劳顿的雕塑世家，1915年考尔德进入史蒂芬技术学院就读，学习机械工程专业。1919年毕业后曾担任工程师、技师等。1923年考尔德决定专业从事艺术创作，并考入纽约艺术学生联盟。期间他经常进入马戏团进行速写与素描。1926年起他前往巴黎发展，几年间他通过铁丝等元素创造出了一系列马戏团表演的雕塑作品。

从20世纪50年代起，他开始设计大量纪念性公共雕塑作品，包括肯尼迪国际机场的《125》、巴黎联合国教科文组织的《螺旋》、1967年蒙特利尔世界博览会的《人》、密歇根州大急流城的《高速》、巴黎德方斯广场的《火烈鸟》等知名作品。（如图1-16所示）

图1-16 《火烈鸟》 巴黎德方斯广场

3. 理查德·塞拉与广场风波

理查德·塞拉（Richard Serra）1939年出生于美国加州旧金山，是美国的极简主义雕塑家，以用金属板组合而成的大型雕塑作品闻名。理查德·塞拉曾于1957—1961年间先后在柏克莱加州大学和圣塔芭芭拉加州大学主修英语文学。之后于1961—1964年间在耶鲁大学研读美术。当定居于美国西海岸后，理查德·塞拉在炼钢厂工作以赚取生活费，这个经验也深深影响了他之后的作品。他如今已是世界最著名的极简主义雕塑大师，在许多国家的重要场所都可以看见他的作品。

广场风波

1981年，一个12英尺（1英尺=0.3048米）高、120英尺长的巨大弧形雕塑被树立在纽约联邦广场，这就是理查德·塞拉完成的《倾斜的弧》（如图1-17所示）。这件巨型雕塑几乎占据了整个联邦广场，但也因此而引发了巨大的争议。普通民众认为，作品看上去更像是一堵墙，而非好看的装饰品，它在丑化广场空间的同时，也给他们的生活带来了极大的不便，因此要求移走雕塑。理查德·塞拉辩解道：这件作品是为了这个广场而设计的，如果移走，作品将因丧失意义而毁灭。他还试图通过审查制度和政府未能履行合约为理由，来阻止搬走雕塑的决定。但经过一系列的上诉后，塞拉的辩解还是以失败收场，1989年，雕塑被搬出广场。

随时间的推移，理查德·塞拉的作品还是逐渐被更多的人所理解与喜爱。1983年，他的作品《克拉克拉》被放置在杜与协和广场的交界处，尽管最初人们误认为这里是"建筑工地"。1990年，他的作品《阿凡嘎》又出现在了冰岛。接下来，他的作品便开始广泛遍布在世界各国，从空旷郊野到高耸山峦再到都市广场，几乎都能看到理查德·塞拉的作品。

2008年6月，美国维廉大学授予理查德·塞拉美术博士的荣誉学位；2010年，他又获得了西班牙阿斯图里亚斯王子艺术奖。

图1-17 纽约联邦广场的《倾斜的弧》

4. 阿尼什·卡普尔的《云门》

从19世纪中期开始，位于密歇根湖东部和河床西边的格兰特公园成了芝加哥主要的公园。1997年，芝加哥城市委员会决定在格兰特公园西北方的伊利诺伊中央铁路公司铁路站场和停车场的所在地建设千禧公园。2007年，这个新公园成为芝加哥的第二大景点，受欢迎程度仅次于海军码头。

1999年，一个由千禧公园工作人员、艺术收藏者、管理人员和建筑师组成的委员会在该公园参观了30位艺术家的作品，并邀请了其中两位艺术家提交计划书。美国著名艺术家杰夫·昆斯提交了一份关于竖立滑梯雕塑的计划书，其设计由玻璃和不锈钢组成，并带有一个90英尺高的瞭望台和升降机。可是委员会选择了第二位艺术家的计划书，也就是阿尼什·卡普尔的设计。他的设计为一个以液态水银为灵感的无缝不锈钢雕塑。它的外壳可以映射芝加哥的城市轮廓，但映像会因其椭圆外形而扭曲。每当游客们走过雕塑时，他们的映像都会被扭曲，如哈哈镜一样。

雕塑的底部是一个反射重叠映像的凹状空间"omphalos"。这个空间的顶尖离地9米高，其拱门能让游客走进雕塑。当他们走到雕塑外围时，他们又能看到整个作品。记者们于公园的开幕周中把"omphalos"形容为"勺形的下腹"。在设计初期，雕塑原为公园东北部分的植物园（Lurie Garden）的中央装饰品，但委员会认为它对植物园而言体量实在是太大了，于是决定忽略掉阿尼什·卡普尔的反对，把它放在了AT&T广场。此外，雕塑的东西两面会反射斯莫菲—斯通大楼（Smurfit-stone Building）、保德信广场与Aon中心（Prudential Plaza & Aon Center）和滚石饭店（One Prudential Plaza）等摩天大楼的映像。

阿尼什·卡普尔没有在设计过程中使用电脑绘图。可是电脑建模是分析复杂结构的必需品，因此卡普尔的设计引起了很多忧虑。比如说，热量可能在夏天保持下来使雕塑内部过热，在冬天的时候则有可能变得过冷，这种极端的气温变化会让雕塑的结构变得脆弱。涂鸦、鸟屎和指纹也是潜在问题，因为它们会影响雕塑的外表。但最紧迫的问题是为雕塑建造一个无缝的外壳，著名建筑师诺曼·福斯特曾经一度认为这是无法实现的。

在雕塑完工时，公众和媒体都因其像豆子的外形而称它为"豆荚"，在几个月后它正式被命名为"云门"。雕塑有四分之三的外表反射着天空，它的名字象征着雕塑把天空和游客连接在一起。雕塑和广场有时候会被一起称为"在AT&T广场上的云门"。《云门》是阿尼什·卡普尔在美国的第一个户外作品，这也是其在美国的成名之作。（如图1-18所示）

图1-18 《云门》及其夜景的光电效果

1.2 公共艺术行业与公共艺术家的自我修养

1.2.1 中国公共艺术行业的状况

公共艺术行业的前景与大时代背景紧密相关，中国当前正处在全面发展时期，国家经济的繁荣使得大兴土木成为历史的必然，城市发展为公共艺术行业提供了先决条件，公共艺术成为城市发展中必不可少的内容，所以专业的公共艺术设计者和公共艺术家在此将大有作为，而且近些年也可以看到，在视觉艺术领域中的各个专业都有向公共艺术靠拢的趋势；但当前的公共艺术设计的专业人才短缺、学院教育相对滞后于行业发展、公共艺术建设政策不完善等问题，使得公共艺术行业的发展并不平衡，存在供求关系紧缺等诸多问题。

公共艺术是紧随时代发展而新兴的行业，公共艺术从业者应该从社会责任出发，把项目当成一次创作展示才华的机会，同时要有肩负起美化一个社区乃至一座城市的使命感，公共艺术家是城市美化的改造者。公共艺术又是城市精神的表述者，是城市物质形态与人之间的润滑剂，是城市人文的精神营养，甚至可以是一座城市的精神良药。（如图1-19至图1-21所示）

图1-19 《北京奥运纪念碑》（作者：邹文）

图1-20　《时光隧道》　长白山美人松公园（作者：夏和兴）

图1-21　《手》　上海同济大学校园（作者：罗小平）

1.2.2 公共艺术家的自我修养

成熟的公共艺术家创造一个作品前要充分地考虑作品实施的各个环节，做到胸有成竹。在实施过程中要不懈努力直到作品最后的完成。当前国际上知名的艺术家可谓是数不胜数，而知名的公共艺术家却是屈指可数，这充分说明想成为公共艺术家需要付出巨大努力和具有坚定的毅力，艺术家克里斯托夫妇的作品《包裹德国国会大夏》虽然展示时间只有15天，但从设计到运作、实施成功却历时24年之久，这24年期间他们不断游说各方人士以获得支持，这说明要成为公共艺术家，所需要的不仅仅是视觉艺术的专业知识，更考验一个艺术家的综合素质。（如图1-22所示）

这里列举几个作为公共艺术家应具备的基本能力。

（1）文化认知能力。公共艺术属于文化艺术行业，具有文化特征。我们落实具体的公共艺术项目时，首先要考虑的是其文化思想的表达，例如某地要落成一件城市雕塑，首先会标明所需的主题，如《某某地区主题性雕塑》字样，这时设计者首先要考虑的是这件雕塑的文化内涵和地域象征，去搜集当地的各种资料进行归纳总结，寻找立足点，清楚要表达什么思想内涵。这是一种文化认知能力。

（2）造型艺术设计能力。公共艺术作品无论要表达什么思想内涵，最终都要以造型艺术来呈现，也就是把文字性的内容转化成造型艺术的形式展示出来，这里涉及的就是视觉艺术的相关知识能力，如造型的美感如何超前、颜色是否与环境协调、尺度的大小是否适当，另外想把一个公共艺术项目做好就不能只考虑作品本身，同时还要考虑到周围环境的影响，如光源角度、作品位置、视觉空间等各个因素。

（3）方案的表现能力。一个好的方案是决胜的重要标准，尽管有些人可以把艺术作品做得很好，但在设计表现上却拿不出好的设计效果，就失去了机会，让人惋惜。所以一个成功的公共艺术家不但要有好的设计思想，会制作好的方案效果图也同样重要。

（4）材料实现能力。公共艺术作品中无论是平面、立体还是声光电虚拟的形式都离不开材料的运用，也就是艺术介质，这就要求设计者对材料及其工艺有充分的了解，何种材料适合，材料的属性、造价等都要在考虑范围之内，这样才能做到有的放矢，不至于在已经施工之后出现问题。

（5）沟通表达能力。公共艺术的实现不等同于艺术家的个人创作，公共艺术设计是为某地或某个投资方设计艺术作品，是带有服务性质的工作。首先要去了解投资方的需求，获得有价值的信息，提出的设计方案要引领投资方认识到公共艺术的价值所在，才能把设想变为现实，所以与人的沟通能力尤为重要。

（6）持久的战斗力。正如前面所说的克里斯托夫妇为了实现《包裹德国国会大厦》，从策划到实施历时了24年之久，这个期间他们所做的艰辛与努力也只有他们自己知道，但也只有这样惊人的毅力才会实现伟大的梦想，完成惊世之作。公共艺术项目一般都会有一定的规模，在投资上动则百万元、千万元，这么大的投入投资方在选人做事上一定是非常谨慎的，而项目的争夺者也一定是竞争激烈的，那么实力相当的团队如何在竞争中取得优势呢，那就是看谁能把前期工作做到最好。

图1-22 米罗的公共艺术作品，米罗是著名的抽象绘画大师，他的公共艺术作品秉承了他对抽象形态和颜色的理解，矗立于公共空间，创造出浪漫、轻松、愉悦的氛围

课后思考

认识公共艺术的概念与内涵，了解公共艺术在中国的发展历程以及公共艺术行业的前景。

第 2 章
公共艺术
设计基础

本章概述

本章主要讲述了公共艺术设计的相关基础知识，即造型基础和材料基础。

公共艺术设计是一门综合学科，它的综合性不仅包括绘画、装饰和设计的结合，还包括认知材料和动手制作能力。

教学目标

认识公共艺术设计者应具备哪些专业基础，了解一些常规材料的特性和在公共艺术创作中的运用。建立公共艺术设计者的基本知识体系。

教学重点

公共艺术设计专业的基础是偏重于装饰性、抽象性和应用性，明确培养公共艺术设计的方向。

2.1 造型基础

造型的定义是物质的外表形态及内在结构，另外"造型"一词在艺术领域也当动词讲，就是创造艺术形态的过程。物质的外表形态可以概括成"形"和"色"，其中"形"是物质的构造、状态，而"色"是指物质的材料在光的作用下反映在我们视觉中的状态。两者构成我们对物质的整体认识，因此，如何运用造型基础知识来表现设计是做好公共艺术的第一步。

公共艺术设计是一门综合学科，公共艺术设计的造型基础不同于其他美术学科所强调的写实功力，而是在有一定写实能力的基础上更注重装饰性和设计性。运用装饰和设计搭建公共艺术设计能力，为了最终实现在材料上的创作。

线描、装饰画、形态构成、设计色彩、泥塑等科目共同组成了公共艺术设计者的造型基本功。（如图2-1所示）

图2-1　《天天向上》　南宁学院图书馆壁画（作者：张燕根　李华清）

2.1.1 线描

线描是公共艺术设计的重要基础。线描也叫白描，即单纯的用线画画，在线描中线条可以有许多变化，如长短、粗细、曲直、疏密、轻重、刚柔和有韵律等。线描写生要注意把物象的前后遮挡关系表现准确。一般来讲，在画面中近处物体的基线应比远处物体的基线低。为了更好地表现出线条的美感，我们在写生中不能看到什么就画什么，应该通过比较和感受进行有目的的取舍与提炼、加工。常用的线条有直线、弧线、曲线和折线。

线描的作用如下。

（1）准确地表现形体。线描的单纯表现可以使形体问题暴露无遗，以便于及时改正以提高造型能力。

（2）高度概括形体。通过用线造型训练，避免在细节处停留过多，练习整体而概括的造型能力。

（3）组织画面关系。在画面中通过线条的排列变化和线条本身的特点创造秩序和美感。

（4）装饰性。线描本身带有一定的装饰意味，是装饰设计的前提。（如图2-2至图2-3所示）

图2-2 线描（作者：张燕根）

图2-3 线描（作者：陈煜嘉）

2.1.2 构成

　　形态构成是设计专业的必修课，形态构成的问世对当今艺术设计领域的发展可谓是功不可没，对整个世界当代视觉设计领域的发展起到了至关重要的作用，公共艺术设计专业教学体系中对形态构成的学习和研究是十分重要的，运用形态构成创作作品和制作小稿方案已经成为公共艺术设计的必要基础 。（如图2-4至图2-5所示）

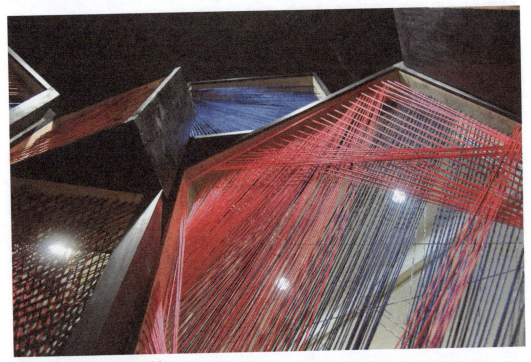

图2-4　形态构成作品（作者：邓杰）

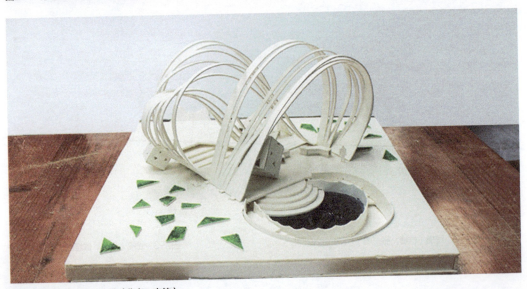

图2-5　公共艺术设计小稿（作者：李纯）

形态构成的作用如下。

（1）改变对客观世界的认知。形态构成学科的出现改变了设计师以往认知世界的方式。从物质外表形态向物质内部构成规律美学研究的转变，扩展了新的视觉领域。以往的艺术家和设计师多关注的美是我们肉眼能看见的美，而形态构成提供了微观世界的美或更大的宏观世界的美供我们研究，提供了新的视野。

（2）提供了全新角度的创作方法。形态构成的出现不但改变了人们的视角，同时也提供了全新的创作方式，以往的写实主义为主体的艺术创作方式被打破，新的具有强烈构成形式感的审美理念成为当代视觉艺术创作的主要潮流。（如图2-6所示）

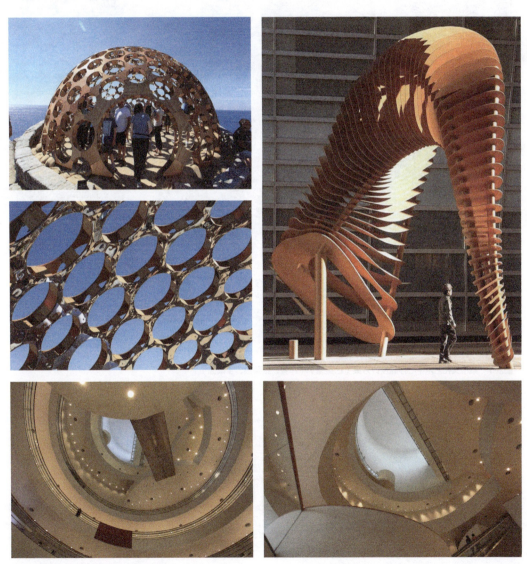

图2-6　形态构成在当代设计中的运用

2.1.3 装饰画

装饰不仅是一种绘画风格，更是一种设计理念，一种创作思维。中国自古以来的审美追求就是重视装饰而非写实的，装饰的高度概括与纹样美感流淌在中国审美的血液中。现今，更由于公共空间欣赏的距离感，装饰手法在公共艺术中被广泛运用，表现在壁画、装饰浮雕、壁挂等上面，所以装饰设计能力是公共艺术设计的重要基础。（如图2-7至图2-12所示）

图2-7　某市文化艺术中心浮雕设计方案（已实施）（作者：张燕根、丁硕赜）

图2-8　广西人大会堂屏风浮雕设计方案（已实施）（作者：张燕根）

图2-9 《文明八桂》 南宁市人大会堂装饰浮雕（作者：张燕根）

图2-10 南宁市财政大厦装饰浮雕（作者：张燕根）

图2-11 《南方》 广西林业大厦装饰木雕（作者：张燕根）

图2-12 《盛世八桂》 广西壮族自治区政协大厦浮雕（作者:张燕根）

2.1.4　设计色彩

色彩是公共艺术创作中的重要表现手段，如果用素描可以解决空间和形体塑造问题的话，那么用色彩则可以表现物体的颜色和质感，同时色彩对于画面氛围的烘托也起到了至关重要的作用。

1. 设计色彩在公共艺术设计中的作用

（1）设计色彩有助于我们做设计方案时对艺术氛围的营造。我们所处的世界是瞬息万变的，而我们所设计的作品怎么样与万变的环境随时发生关系，这是我们所要考虑的。在不同环境、不同节气、不同时间下，一件公共艺术作品与周围环境形成的效果大不相同，怎样处理作品与环境中变化的色彩关系，对于公共艺术设计显得十分重要。（如图2-13所示）

（2）设计色彩有助于表现公共艺术作品的美感和内涵。如何运用色彩组织画面和搭配来设置场景，构成我们所需要的视觉感受非常重要。在公共艺术设计中的壁画创作，颜色的重要性自是不必多说，我们另外举个造型艺术的例子，例如：一个项目是要求在一个区域的街道上做一件造型艺术，那么我们在做色彩分析的时候，首先是要考虑环境，这个环境包括自然环境和人文环境。自然环境分析是指作品周围环境是一个什么样的色调，作品的色调应如何与环境协调而又彰显艺术魅力。人文环境分析是指通过哪些色彩可以传达出当地的文化特征，传达出当地特有的人文情感。（如图2-14所示）

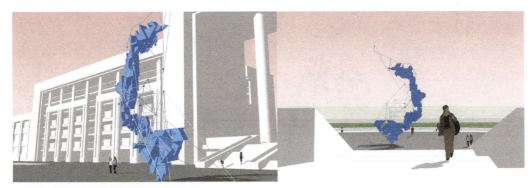

图2-13　运用色彩设计的方案（作者：李玉雯）

图2-14　泰安市龙潭路艺术造型，运用中国红、传统纹样与现代造型相结合

2. 设计色彩的表现方法

（1）彩铅

　　彩铅是设计手绘时必不可少的工具，同时也适用于公共艺术设计，它可以快速表现出场景内所有物体的色彩关系，同时也可以深入塑造形体，与素描手法类似，同时根据画面需要，表现出不同笔触和虚实变化，绘画感较强。（如图2-15所示）

（2）水彩

　　水彩方案效果图是在计算机软件设计问世之前最为广泛的设计表现方式。通常是以线稿画形，以水彩辅助表现物体的颜色和烘托画面气氛。它的优点是通过表现画面和冷暖关系，使画面写实度更高；同时水彩的水润效果可以创造意境让画面更有韵味。（如图2-16所示）

图2-15　彩铅手绘方案
（作者：丁硕赜）

图2-16　水彩手绘方案

（3）马克笔

马克笔快速、利落、丰富的表现手法为设计师提供了最为高效的设计表现手段，是当前空间设计界最为主流的手绘表现方式。马克笔不但可以表现物体的色彩，还可以根据笔的不同明度或笔触的叠加画出丰富的色阶，以利于塑造形体；根据不同笔触表现像金属、木材、水泥等不同材质的质感以及蓝天、白云、水纹等效果。（如图2-17所示）

（4）综合技法

很多设计师在做一个手绘效果图时，通常会运用多种手法相结合的方式，让各个方法的优势集中于一幅画面，使得画面既丰富又具表现力。（如图2-18至图2-19所示）

图2-17　马克笔浮雕方案（作者：吴昊宇、丁硕赜）

图2-18　综合技法壁画方案（作者：杨晶）

图2-19　综合技法壁画方案
　　　　（作者：苏于晓）

2.1.5　泥塑

　　泥塑造型是在公共艺术中涉及一些立体的作品设计时常选用的方法。如公共艺术造型、景观装置、大地艺术等艺术形式的小稿和城市雕塑的模型泥塑。泥塑有很强的可塑性，十分便于修改和推敲形体，这种方法在立体类公共艺术作品设计中发挥着重要作用，此外，泥塑的多角度可观赏性也是平面类设计方案所不能比拟的，是很多设计师和雕塑家从古至今一直沿用的方式。

　　泥塑课程在艺术类院校一直是雕塑专业和公共艺术专业的主要课程，所以泥塑造型基础已经成为一门重要的专业技能。（如图2-20至图2-21所示）

图2-20　《活着》系列（作者：李华清）

图2-21　泥塑小稿（作者：丁硕赜）

2.2　材料基础

材料是艺术创作的载体，运用材料是艺术创作的基本表达方式，任何不能在材料上实现的设计方案都只能是纸上谈兵。公共艺术创作是为某个区域空间设置艺术作品，通过某种材料的运用和加工，制成具有审美价值的造型来传达某种思想和理念。

公共艺术设计的最终目标是创作公共艺术作品，再好的设计如果不能在材料上实现，那么这个设计也是没有价值的。所以一名合格的公共艺术设计者必须要对一些材料的运用有所掌控，才能在做设计的时候有的放矢，最终出色的完成公共艺术作品的创作。（如图2-22所示）

图2-22　不同材料在公共艺术中的运用

2.2.1 材料的运用

1. 材料审美

材料作为艺术创作的表现媒介，除了要体现材料本身的美感还要通过加工和组合传达出新的美感，这是材料创作的基本理念。材料自身除了拥有视觉和触觉审美之外还包括听觉和嗅觉等多感官的审美感受，所以我们在选材之前要对材料的性能要有充分的接触和了解。（如图2-23所示）

2. 材料承载的意义

材料本身不但可以传达出固有的审美特征，有些材料还具有文化属性，通过了解材料的背景传达出的心里的感受。例如，德国的柏林墙，作为墙本身只是由砖和水泥构成的，但由于其特殊的历史意义就让我们不能再用看待砖和水泥的眼光去观赏它了，就如名人用过的物品，其名人效益会让他（她）使用过的物品产生新的价值，名人的声望越大，其物品的价值就越高。(如图2-24所示）

图2-23　不同的材质传达出的视觉审美感受是不同的，通过对材料的创造性改造使其产生审美价值

图2-24　《柏林墙》　柏林墙已经超越了作为隔离墙本身的意义，而成为一段重要历史事件的印证

3. 材料的使用原则

（1）安全性。由于公共艺术作品放置的地点是公共空间，作品所接触到的是广大群众，其中会包括老人、小孩和残障人士等弱势群体，所以在设计作品时要考虑，使用的材料是否存在着潜在的危险，何种造型会对孩子造成伤害，是否因不稳固而倒掉的可能等。在安装作品时要做好监督工作，确保安装后的安全，在安装完之后还要定期检查，避免发生意外。（如图2-25所示）

（2）耐久性。公共艺术作品的放置空间对作品的材质有一定的限制，比如室内和室外对作品材质的要求是不同的，室外环境所使用的材料要经得起风吹、日晒、雨淋等考验，室外环境相对室内环境对作品材质的耐候性要求更高，所以很多室外公共艺术作品多选用硬材质，如石材和金属等；另外不同地域的气候特点也对作品的材质有着不同要求，例如沿海城市的室外公共艺术的材质要有一定的抗台风和抗腐蚀性。（如图2-26所示）

图2-25　纤维材料在儿童活动区公共艺术中的运用提高了安全性能

图2-26　耐候钢板在公共艺术造型中的运用

（3）地域性。因地制宜是施工建设行业自古以来惯用的手法，做公共艺术也不例外，在哪里做公共艺术创作，就尽可能的选用当地现有的材料，这样在选材、运输上都很方便，当地也有相对成熟的加工技术，可以节约施工成本。另外当地的材料也蕴含着当地的文化价值：承载本地文化，彰显地域特色。例如佛山的一些公共艺术就选用了陶瓷作为材料。（如图2-27至图2-29所示）

图2-27 《亚洲艺术门》运用佛山本地盛产的陶瓷材料（作者：魏华）　图2-28 《大缸瀑布》 佛山 （作者：魏华）

图2-29 《天堂之树》 法国 运用当地的优质木材创作（作者：张燕根）

4．材料设计，材料在创新运用上的几种方式

（1）反常规的材料运用。将其他领域的材料运用于公共艺术，这种方法往往给人出乎意料之感，例如用砖作为雕塑材料，给人耳目一新的感觉，在创作中可以把一些看似与艺术不相关的材料应用于公共艺术的创作，通过反常规的手段会带来新的审美感受，使作品变得与众不同。

（2）传统材料的新应用。对于传统材料，如石头、青铜、钢铁、木材等可以通过新的造型方式产生新的视觉效果，比如分解重组，打破常规的构造方式而形成新的面貌，还有运用传统造型方式与现代形式相互组合发生对比，带来新的视觉体验。（如图2-30至图2-31所示）

图2-30 《天堂之蛋》比利时 作品以果实形态为原型，外表看是木头的果实，而内核确是坚硬的石头，不但手法巧妙，寓意也令人回味（作者：张燕根）

图2-31 环形镜子装置安放于法国巴黎的旺多姆广场，反射着周围的环境和光，与路过者产生互动感，它解构着周围的建筑和天空，让观者产生困惑，并让观者用另一种方式积极地体验旺多姆广场。周围的建筑和行人出现在镜子中或是镜子之间的空隙中，改变了每一个观者对于空间的感受（作者：Lapierre）

（3）废弃材料和低廉材料的运用。运用一些废弃金属材料重组、焊接等形成新的造型，创造了新的造型语言。废弃材料的运用是近些年来在艺术界经常运用的手段之一，很多雕塑家在废铜烂铁中发现了新的美学价值，同时是一种变废为宝的过程，节约了资源，也流露出艺术家的可持续性发展意识。（如图2-32所示）

低廉材料的运用不但有利于节省成本而且可以实现特殊价值，在资金短缺等的情况下实现不可能实现的任务，例如利用纸、布料、皮革、塑料、纤维、普通的木材等成本较低的材料进行创作。但通常的低廉材料也会有其弊端，例如纸和布料就不易在室外环境中安放，所以低廉材料通常只能制作一些临时性的公共艺术作品。（如图2-33所示）

图2-32　运用海洋生物为材料制作的公共装饰艺术

图2-33　《横撇竖捺》运用废旧报刊纸张创作的图书馆壁画
（作者：王纪平，助手：邢慧敏及山西大学美术学院公共艺术2009级学生）

（4）新材料、新方式的拓展。在当代艺术理念下，任何材料都为艺术创作提供了可能，关键是要对生活中的事物有敏锐的观察和对其艺术创作转换的思考。当代科学技术的发展为公共艺术创作领域提供了新的视野和新的技术支持，还要将可持续性发展观念以及生态文明理念融入公共艺术创作领域中，顺应时代潮流。作为公共艺术工作者，要勇于探索和不断的实践，其实，创新离我们并不遥远。（如图2-34至图2-35所示）

图2-34　太阳能的城市的照明系统，这个设计使用LED照明，运用环保的太阳能持续供电。设计师的形态灵感来于自大自然的树，同时它具有"三位一体之间的技术，材料科学和智能化的有机形式"。植物状结构是20个钢管，类似植物的茎和草。6个管支撑太阳能电池板，4个管支撑大型灯，10个管安装了LED灯。所有的钢管连接的太阳能电池系统和电子设备都隐藏在该作品的基地下。设计的意图：提倡"自然"美，抵制充斥着混凝土的城市环境（作者：Ross Lovegrove）

图2-35　这是由上百根竹竿制作的公共艺术作品，安放于悉尼海岸线，作品的顶端用柱片制作成小的风车，迎风旋转的同时又敲打着竹筒发出响声，犹如海风吹来的奏鸣曲，作品巧妙地利用了风能与作品发生互动

2.2.2 材料的分类

在公共艺术领域可以选用任何材料来制作作品，只要材料是无毒害的。往往作品的创新也是从材料的创新开始的，这里我们从材料的特性出发，讲述几种常用材料在公共艺术中的运用。

1. 硬质材料

硬质材料通常指的是石材、金属、人造石等人工合成材料，室外长期安放的作品通常运用硬质材料，以利于结实耐久。在创作时要根据创作题材需要和加工工艺而选择。（如图2-36所示）

图2-36　硬材质的公共艺术作品

（1）石材。是人类运用最早也最为广泛的材料，不但运用在建筑和景观领域，在雕塑艺术领域也是从古至今深受艺术家追捧。石材有着天然的材质美感，如大理石较为细致而且柔软，可以加工至如人的皮肤般光滑细腻。花岗岩的质地较硬且品种繁多，可以在制作时产生光滑和粗糙的表面对比，要根据创作题材和风格而定。

在公共艺术创作领域可以运用的石材有花岗岩、大理石、砂岩、卵石等。（如图2-37至图2-38所示）

图2-37　对天然石材的艺术加工

图2-38　《钻▲石》作者巧妙地把石头的造型与灯光结合在一起（作者：马涛）

（2）金属材质。"坚强、冷峻、强大、深沉、严肃、尖利"是金属材质给我们的通常感受。在公共艺术创作中，金属类材料通常包括钢铁、青铜、铝、合金等，要通过铸造、锻造、切割和焊接等手段来实现作品创作，金属材质的公共艺术作品结实耐用很适合室外安放，可以在室外环境下保留上百年，同时金属材质又具有强烈的材质美感，是比较常用的室外公共艺术选材。（如图2-39所示）

图2-39　金属材料从古至今一直是艺术家所钟爱的材料

（3）人工合成材料，如混凝土、人造石、树脂等，由于材料的易于塑型、工艺简单、方便运输、防水耐用及价格低廉等特点，同时人工材料的颜色和质地具有可操控性，也可仿造各式天然材料等特点，成为被广泛运用的公共艺术创作材料。（如图2-40所示）

图2-40　人工材料是当代城市中应用领域最广泛的材料

2. 软质材料

公共艺术常用的软质材料包括：木头、陶瓷、玻璃、亚克力、塑料、布料、纸、纤维、植物、冰雪、沙子等。

（1）木材。木材是从古至今一直与人类生活息息相关的材料，从园林、建筑到家具、餐具无不有木材的身影。木雕是公共艺术创作中的一种常用形式，在木雕的工艺制作过程中，雕刻刀及其辅助工具起到十分重要的作用，在木雕创作中，工具齐备，会磨会用，不仅能提高工作效率，而且在造型上能充分发挥自己的技巧，行刀运凿洗炼洒脱，清晰流畅，增加作品的艺术表现力。（如图2-41至图2-44所示）

图2-41 《对话OK，对抗NO》 荷兰 运用木雕手法制作的体现战争反思的公共艺术作品（作者：张燕根）

图2-42 《轮回》 作者创造出丰富的形态和肌理对比（作者：李凤）

图2-43 《打开比利时的天空》 比利时 运用木头结合镜面玻璃为材料创作的公共艺术作品（作者：伍时雄）

图2-44 左图为《快乐相邀》（作者：陈芳苇），右图为《和》（作者：蔡晓燕）

（2）玻璃和亚克力。这类材料在现代的公共艺术创作中经常被使用，材质有透明或半透明的特性，多用于室内空间或要求通透的空间。常用的创作方式有两种：一是以玻璃或亚克力为载体，可以结合灯光、图案或与其他材料混合使用；二是以玻璃或亚克力为材料，可以通过浇铸制造出各种形状，也可以施加任何色彩，还可以对它实行切、磨、抛光、蚀刻等加工，使之符合人们的某种审美需求，富有功能性和艺术性。（如图2-45所示）

图2-45　透明材料与光结合产生很好的艺术效果

（3）塑料、布料和纸。这类材料多运用于室内空间的布置性公共艺术作品。可以运用这类材料制作成艺术造型，还可以通过裁剪、拼贴形成图案，也可以以包裹的方式制作成公共艺术作品。材料的价格相对其他材料比较低廉，有容易实现和易于更换等优势，弊端是不利于制作长久性的作品，容易损坏。（如图2-46至图2-47所示）

图2-46　世博会场馆中的公共艺术造型

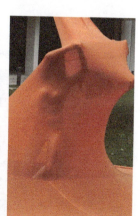

图2-47　《飘离混沌》运用布料制作的装置与行为艺术（作者：陈金婵）

　　（4）陶瓷。陶瓷艺术是土与火的艺术，体现在对于泥土、火、釉的把握及其韵味的领悟上。陶瓷是我国最为古老、最为广泛的一种造型材料，无论是在古代还是在今天，无论是生活、生产还是艺术领域都与我们息息相关。陶瓷在公共艺术领域的运用上有诸多优越性，比如材料的环保性、可塑性、特殊工艺性等，特别是它的强度好、耐腐、易清洁等属性，被广大艺术家所忠爱，在公共艺术领域中的主要表现形式有陶瓷壁画、陶瓷雕塑、陶瓷艺术设施等。（如图2-48至图2-50所示）

图2-48　《天籁》　广西艺术学院校园壁画　运用陶瓷材料创作的壁画作品（作者：吴昊宇）

图2-49　运用陶瓷马赛克镶嵌与树根结合的作品（作者：黄伯璋）

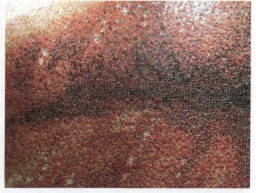

图2-50　巴黎地铁站中的公共艺术

（5）纤维。纤维艺术源于古老的壁毯编织艺术，发展至今已成为一门融合观念、装饰、技术、地域文化的艺术，它是利用线材或柱材进行交错编织，组合成图案或造型的一门艺术手段。在当今很多室内空间的公共艺术创作中广泛运用。（如图2-51所示）

图2-51　纤维作品有丰富的机理、强烈的表现细节，很适合运用于室内公共艺术作品

（6）动植物，属于可生长类材料。在公共艺术领域常见的有用于景观园林的五色草植物雕塑，还有运用特殊手段使植物生长，发生人为变化的艺术作品，这类材料作品一般既可以满足审美需求又可以起到绿化作用，但由于对节气变化的依赖和需要长期养护，所以成本增加在所难免；同时设计者需要拥有植物生长规律方面的知识。还有一些是以动植物为元素组合的艺术造型，根据动植物生长的自然形态，以某种形式组合成艺术作品。（如图2-52所示）

图2-52　植物雕塑

（7）冰雕、雪雕与沙雕，都是公共艺术的一种形式。主要是将冰雪和沙子当作塑形的材料，用它们的材质表现造型艺术。制作过程是先把它们固定成一定形状，再进行雕刻，最后再细致加工。

冰雕与雪雕。冰雕与雪雕是不同的，冰雕有晶莹剔透之美，雪雕则是不透明的，纯净洁白给人身心净化之美。冰雪雕塑的制作方法不难，很容易掌握，具有很高的普及性，已成为百姓乐于参与的公共艺术活动。另外，冰雪雕塑的成本比较低廉，往往可以创作出规模惊人的作品来，给人以震撼的视觉效果。（如图2-53所示）

雪雕与冰雕都是在严寒国家盛行的户外艺术，运用冰雪作为公共艺术创作材料很受地理环境限制，目前只有北欧、北美、日韩和我国北方的一些省份可以运用，最为突出的就是冰城哈尔滨，每年冬季的哈尔滨已成为冰雪艺术的盛会，形成处处有冰景，十步一冰雕的美丽画面。（如图2-54所示）

沙雕，就是把沙子堆积并凝固起来，然后雕琢成各种各样的造型。它通常通过堆、挖、雕、掏等手段塑成各种造型来供人观赏。沙雕的魅力在于以纯粹自然的沙和水为材料，通过艺术家的创造，呈现作品。沙雕艺术体现了自然美与艺术美的和谐统一。（如图2-55所示）

由于冰雕、雪雕和沙雕会在一段时间内自然消解，所以又被称为"速朽艺术"，因为无法长期保存，所以每个作品都是即兴创作和独一无二、永不重复的，这也正是它们的魅力所在。

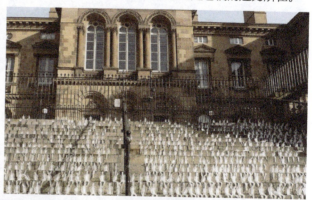

图2-53 巴西艺术家奈尔为了让大众关注全球变暖的生态问题，将1 000多个用冰雕刻出的不同形态的小人作品放置在德国柏林音乐厅外的台阶上。这些用冰做的小人形态各异，或闲聊、或沉思、或忏悔，场面极其壮观，这种气势，犹如1 000多个真实的人类。在阳光的照射下，这些用冰做的小人会随着时间慢慢融化、消失。作品选择放在人流量旺盛的闹市，是为了引起更多人的关注，让更多的人参与和唤醒更多人的生态意识。融化的小冰人当中，或许有你、有我、也有他。艺术家的创作过程实际上不仅仅是对冰这种材料的运用，而且饱含情感，使物质形象实现了向人文精神的转变。通过这种暂时性的艺术品强大地表述了生态问题，以及生存和死亡的关系。这种公共艺术的表现形式虽然只能存在几个小时就会消失殆尽，但同样给了我们心灵上无法抹去的一种震撼

图2-54 《查干萨日的欢庆》 雪雕（作者：张泽佳）

图2-55 《海风》 沙雕（作者：张燕根）

3. 新材料

创新是艺术的本质要求，材料创新是艺术创新的一个重要手段，这个时代的一些科技成果为我们提供了技术支持，使当代公共艺术创作中可以选用的材料变得丰富，尤其是艺术发展到后现代主义时期，可以运用声音、烟雾、光线、气味等任何材料进行创作。

声光电。声光电属于间接材料，是不能独立存在的材料，在公共艺术创作中需要某种其他物体发射或传递而形成某种艺术效果，如需要一直展示则需要持续供电。声光电可谓是当代艺术的宠儿，可以创造千奇百态的艺术效果。但它也有其劣势，作品损耗和能耗较大，成本相对过高；另外对展示空间也有所要求，比如光作品通常只在夜晚才能展示。

无论是传统材料，新材料，还是新方式的运用，公共艺术所需的材料绝对不是一成不变的，同样的一个造型，材料的不同，最后效果就有极大的不同。所以我们在创作实践中要多去尝试，才能出新；在科技高速发展的今天，以可持续性发展，生态文明为理念，提倡新材料、新能源的拓展和利用，让艺术形式不断出现创新，是我们这一代人的历史使命了，所以只有不断探索才能走出一条创新之路来。（如图 2-56 至图2-58所示）

图2-56　声光电的运用使公共艺术具有强烈的现代感

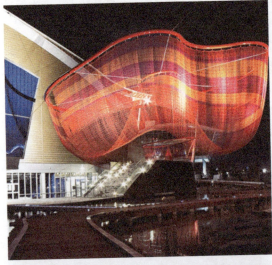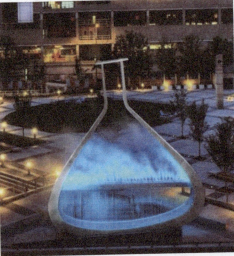

图2-57　新材料的运用、新的创作方式丰富了当代公共艺术的内涵

图2-58 运用投影技术结合悉尼歌剧院建筑创作的公共艺术作品，带来震撼的视觉效果

课后思考

　　整合自己的造型基础能力，多做练习。在生活中多去发现可以运用于公共艺术创作的材料，收集资料。

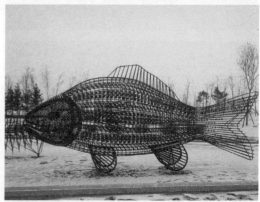

第 3 章
公共艺术
创作形式

本章概述

　　本章讲述的是公共艺术的创作形式，公共艺术是空间中的艺术，占有空间是它与生俱来的性质，我们先从公共艺术占有空间的形式来讲述公共艺术的几大创作类别，然后从公共艺术的安放地和有无实用性来讲述公共艺术的形式。

教学目标

　　结合上一章所学习的对材料的运用，掌握公共艺术创作的几种形式，即从平面到立体的造型方式，以及多维感官的创作方式。

本章重点

　　掌握公共艺术的创作方法。

3.1 二维的公共艺术

二维形式的公共艺术指的是在公共空间中依附于墙体、地面或平面空间的艺术创作，其特点是艺术材料本身所占空间体积极小或是平面化，主要依靠视觉效果来传达表现内容。这里我们从画面风格上划分，分为传统壁画创作和当代壁画创作，从创作手段上分为绘制类和加工类，从表现形式上分为静态形式和动态形式。（如图3-1所示）

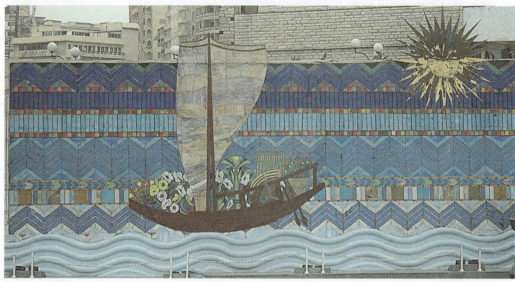

图3-1 当代壁画 埃及

3.1.1 绘画类的公共艺术

1. 传统壁画

　　壁画是最早也是应用最广泛的公共艺术创作形式，是运用绘画手段在公共空间的墙壁上进行创作。壁画的创作手法繁多，自古以来东方与西方的壁画创作手法有很大的差别，无论是绘制材料、手法，还是题材。中国传统的壁画多以国画手段表现，强调线条的表现力，题材则是与宗教或皇家重要事件有关，例如吴道子的山西永乐宫壁画。西方传统壁画则是运用色彩塑造形体，强调解剖、透视等科学的表现手法，题材多与圣经故事或重要事件有关，如米开朗基罗的西斯廷教堂天顶壁画。东西方传统壁画的差别是由东西方绘画方式与思维方式不同所形成的。（如图3-2所示）

图3-2　东西方传统壁画的比较

2. 当代公共壁画

当代壁画较之传统壁画所关注的题材更为人性，如果古代壁画的题材多表现神、宗教、统治阶级等内容的话，而当代壁画关注更多的是人与自然的关系或人类生存的现状。此外，当代绘画的发展对壁画产生了巨大影响，新材料的运用和创作形式的多元化，使得当代壁画创作手段更为丰富，形成了任何可能性的壁画创作。（如图3-3所示）

图3-3　国外某地铁站出口的公共壁画，画面以人类的交通工具发展为题材

3. 涂鸦艺术的公共性

涂鸦艺术不同于官方投资建设的公共壁画，涂鸦是艺术家或爱好者自发性的一种创作形式，相比官方的公共艺术建设项目，涂鸦具有自由发挥和随意创作的特征，甚至对于官方而言是具有非法性的。但涂鸦艺术却明显带有公共艺术性质，例如它的创作场所多为街道、广场、建筑的墙体等公共空间，其次它表达了某种艺术家的观念或产生了一定的装饰和美化的作用。另外还有一些涂鸦作品与公众产生了一些的互动性，引起了公众讨论等。（如图3-4所示）

图3-4 涂鸦是现代壁画的一种形式

3.1.2　印刷类的公共艺术

平面形式的公共艺术创作不仅局限于绘画方式的作品，同时也可以运用喷绘、印刷的方式来创作，进行装饰空间。电脑数字化应用对传统印刷设计有着显著的革新性，它促成了印刷技术向"电脑数字化设计"的历史性转变，给印刷设计注入了现代科技内涵与时代特征。制作过程为设计者运用软件设计完成方案，再运用喷绘、印刷等方式在公共空间内呈现作品。这类作品的特点是可以通过工厂加工的方式快速高效的完成作品，也可以很容易地完成尺幅巨大的画面。（如图3-5所示）

图3-5　印刷类公共艺术丰富了城市的视觉体验

3.1.3 新媒体公共艺术

当代科技的发展使公共艺术创作手段不断多元化，多媒体已经成为一些艺术家钟爱的一种创作手段，以至于影像类的公共艺术作品层出不穷。新媒体艺术是一种以光学媒介和电子媒介为基本语言的新艺术学科门类。新媒体艺术是建立在以数字技术为核心的基础上的，这种方式往往可以带来很多新的视觉感受，让观众得到更新奇的体验。但是影像类的作品也有其弊端，例如对展示环境的要求、对设备的要求、对耗能的依赖等。（如图3-6所示）

图3-6 新媒体的运用可以创造令人震撼的视觉效果，是当代公共艺术创作的一种重要形式

3.2 二点五维的公共艺术

二点五维，又称半立体，是指在空间形态的分类中介于二维平面和三维形态中间的形态，具有占据少量空间的形态特征，多安放于墙体或建筑物表面。在功能方面，二点五维的作品既可以运用于装饰空间又可以作为主题性创作。在形式方面，二点五维既可以表现平面空间又可以表现有纵深感的空间，所以在公共艺术创作中被广泛运用。

根据作品的表现形式可分为具象形态、抽象形态、平立融合形态、机理形态。（如图3-7所示）

图3-7　这组半立体的作品不但美化了空间，还具有标识功能

3.2.1　具象二点五维的公共艺术

运用具象写实的方式创作二点五维公共艺术作品，以人物、动物、生活或自然中的形象作为创作对象，这类形式的作品经常应用于纪念性题材或表现现实生活题材的公共艺术项目，比较常见的公共艺术形式是写实的浮雕创作。写实类浮雕对于创作者来讲，要求有很好的写实功底和扎实的雕塑造型能力。写实浮雕不是圆雕的切片，它是一个完整形态的压缩表现，运用压缩形态表现深远的空间感，需要创作者经过专业性的训练才能做到游刃有余。（如图3-8所示）

图3-8　《进军北大荒》　黑龙江农垦九三管理局博物馆高浮雕（作者：于猛）

3.2.2 抽象二点五维的公共艺术

抽象一词的本义是指人在认识思维活动中对事物表象因素的舍弃和对本质因素的抽取，应用于美术领域，便有了抽象性艺术、抽象主义、抽象派等概念。

抽象的二点五维公共艺术，其中常见的是抽象的浮雕和壁饰，是运用点、线、面等构成要素或非具象形态依附于墙体进行创作画面，这类创作形式运用符号元素的重复、对比等手法，有很强的装饰效果，给人似与不似之间的视觉感受，激起观者更多的想象力，以表达某种主题意义。（如图3-9至图3-10所示）

图3-9 《无题》 广西艺术学院汇演中心浮雕（作者：张燕根）

图3-10 《升腾的太阳》 北京广西大厦浮雕（作者：张燕根）

3.2.3　二点五维与绘画综合的公共艺术

当代艺术手法的多样化让艺术作品种类的边界变得十分模糊，综合性创作成为一种重要创作手段，浮雕与绘画形式相结合的手法在公共艺术创作中十分多见。随着艺术观念和材料媒介的多元综合，在综合材料创作过程中平面与空间、装置的综合展现是综合绘画的一个重要特征与趋势。（如图3-11至图3-12所示）

图3-11　《欢天喜地》　北京地铁大兴线黄村西大街站（作者：邹明）

图3-12　《希望升腾》　北京地铁大兴线义和庄站，抽象浮雕与传统国画结合，创造了强烈的画面效果（作者：邹明）

3.2.4 肌理形态的公共艺术

肌理是指物体表面的组织纹理结构，即各种纵横交错、高低不平、粗糙平滑的纹理变化，通过物体表面纹理特征传达感受。肌理形态的公共艺术作品通常是要依附于物体表面或是作品的主要形式来突出表现肌理。此类作品大体可分为天然肌理、人工肌理两种形式。不同的肌理会传达出不同的视觉和触觉感受。

（1）天然肌理形态，是运用物体的天然肌理进行艺术加工或直接展示而产生的艺术美感，可以选用的材料包括石材、石块、木材、树皮、树叶、泥土、水等。（如图3-13所示）

图3-13　天然肌理的材质美感在公共艺术中的巧妙运用

（2）人工肌理形态，是根据人工制造的物体的肌理进行再创造，以运用于公共艺术创作中。根据材料的特质创作出不同感受的肌理形态，包括毛线、树脂、玻璃、各种人工合成材料。（如图3-14至图3-15所示）

图3-14　《绽放》　运用树脂、尼龙绳、草为材料制作的肌理效果（作者：钟安琪）

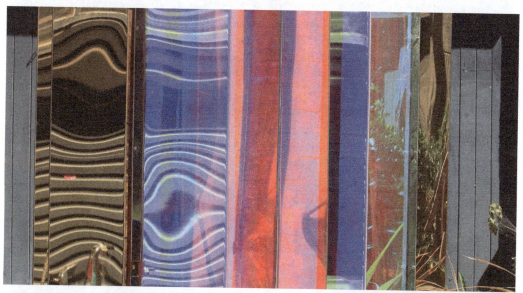

图 3-15　人工肌理材质的应用

3.3　三维的公共艺术

　　三维的公共艺术作品在现实生活中运用最为广泛，是最常见的公共艺术形式，它包括城市雕塑、城市艺术装置、实用艺术设施等一切具有三维体态特征的公共艺术作品。这类作品具有占据三维体量空间的特性，同时也要求有一定的空间来安放和需要一定的欣赏视距。从形态的面貌特征可以分为具象形态、抽象形态和现成品形态。（如图3-16所示）

图3-16　城市中的三维公共艺术

3.3.1 具象三维形态的公共艺术

具象三维形态所指的是具有写实特征的公共艺术，根据观众的视觉经验可以直接识别的艺术造型，例如城市雕塑。城市雕塑是具有强烈的艺术感染力的艺术造型，它源于艺术家对生活的体验，通过塑造或雕刻手段制作作品，使造型蕴含深刻的文化内涵，具有独特的精神力量等。

具象写实作品的优点在于对人物或事件的再现性，这类作品在历史性题材的公共艺术项目中被广泛运用，写实能力的高低成为这项艺术创作能力的衡量标准。（如图3-17和图3-18所示）

图3-17 《家破人亡》 侵华日军南京大屠杀遇难同胞纪念馆主题雕塑（作者：吴为山）

图3-18 左图为国外某空间雕塑，右图为《南侨魂》（局部）纪念抗日战争胜利70周年主题创作（作者：蒋志强）

3.3.2 抽象三维形态的公共艺术

抽象形态是指揭示事物本质的，没有现实参考但却可以引起我们某种美的联想感受的形象和形态。抽象形态也来自于生活，是艺术家通过对生活事物的观察，经过艺术综合、处理、概括等一系列艺术手段而创造出来的形态。抽象的艺术形态虽然是艺术家个人创作的结果，但它并不是没有章法而凭空臆想出来的，它要遵照形式美法则和艺术造型规则来创造，以满足人们的审美需求。

在公共艺术领域里，抽象形态是被广泛运用的，同时也是被大众所喜爱的一种艺术形式，抽象形态经常在似与不似之间给人以无限遐想，通过抛离具体的形象后而形成纯粹的形态美感或体量美感、材质美感等审美感受。（如图3-19至图3-20所示）

图3-19 《海门》北海（作者：张燕根）

图3-20 摩纳哥公共艺术，作品以简洁的形态和完美的制作工艺呈现，作品与水景巧妙地结合，宛若上天落如人间的露珠

3.3.3 现成品巧妙构成公共艺术

当代艺术中以现成品为材料的创作方式是一种重要的艺术形式，公共艺术创作中运用现成品创作的也不在少数。现成品公共艺术创作是直接运用一些已有的物体或用品，经过设计者的构思、改造后运用到创作中，这类方式是直接运用物体材料的特定感受传递出某种审美意味。另外，艺术家可以通过现成品的物质本身经过某种思维观念的置换、关联或是通过艺术家的某种技术的加工再创造，形成具有某种新的观念传达的艺术作品。（如图3-21至图3-22所示）

图 3-21 《那时花开》（作者：卢远良）

图 3-22 法国圣日尔曼花园公共艺术

3.4　互动性公共艺术

3.4.1　四维公共艺术

四维的公共艺术作品是在三维作品上加了一个时间的概念，是观赏者可以在作品面前通过时间的变化，欣赏到不同形态变化的艺术效果，如活动雕塑，另外也有一些作品本身是静态的，而是通过造型的变化或比较传达出一种心理上的动态变化。（如图3-23至图3-24所示）

图3-23　动态雕塑《关爱》　南宁　作品每6分钟转360度，在观者视线中不经意间发生着变化（作者：张燕根）

图3-24　《从物质到精神》　比利时　作品通过观赏静态的造型给人以心理上的动态变化（作者：张燕根）

3.4.2 感官体验性公共艺术

当代科技飞速发展，新技术、新能源的不断涌现成为新艺术创作形式的前提。当代的公共艺术不只限于一个或一组艺术造型的建造，而是可以运用某种艺术形式为载体，创造一种多感官的体验来满足观者的某种精神需求、激发观众的某种情感。多维体验的作品往往通过形态、空间、时间的变化创造新的体验方式，它不仅仅停留在视觉和触觉层面上，还包括听觉、嗅觉、味觉、体感等多重感官体验，这种体验方式更加注重作品与观众的互动来激发观者。（如图3-25至图3-27所示）

图3-25 北京奥运会开幕式的多媒体艺术（水晶石）

图3-26 电子动态多媒体艺术 《清明上河图》（水晶石）

图3-27 《看鼓声有多亮》 作品通过击鼓产生振动的频率，转换成信号传送到树上的LED灯，LED灯装在废弃的矿泉水瓶子中，使原来的LED白光变成绿光。鼓声越大绿光越亮。作品所传达的是环保意识（作者：胡日荣、何学成）

3.4.3 行为装置性公共艺术

行为装置性公共艺术是艺术家的一种艺术行为活动，以公共艺术的形式对某一地区进行艺术化干预或发起公众活动，传达出某种思想，或是为人群提供某种体验。（如图3-28至图3-29所示）

图3-28 《一出莲花》作者运用观念艺术、装置艺术、公共艺术相结合，借用莲花植入在人工化的泳池中，颠覆人们的习惯性思维，给人以联想和思索（作者：张宇）

图3-29 《植着》作品通过在网上征集照片的形式，收录了上干张人与植物有关的照片。然后作者以种植照片的形式创作了这件公共艺术作品。作品传达出一种善良、和谐、美好的意愿（作者：小彩、温阳、郦亭亭、李超、熊子锐）

3.4.4 公共艺术生活

通过公共艺术作品创造或改造某种生活方式，这种公共艺术作品可能存在作品介质也可能不存在介质，而是通过一个行为艺术，对某一人群的行为产生良性干预，倡导的是公共艺术的大众服务性，彰显艺术与生活的结合。（如图3-30至图3-31所示）

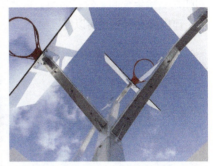

图3-30 法国建筑事务所/LTA设计的城市公园夹具。篮球树不仅给孩子们更多的机会找到一个空圈，还使他们能够有公平的机会。Arbre大致翻译为篮树，从一棵树像雕塑后分出5个独立的篮框，每个篮框都配有自己的篮板，分别放置在不同的高度，可在球场上进行多个游戏。小孩子可选择适合自己高度的篮框，随着时间的推移，他们可以选择更高的篮框，为自己创造一个可以跨越几年的挑战

图3-31 中国台湾江滨中学公共艺术节（作者：全校师生及公共艺术家陈健等）

3.5 公共艺术的其他划分方式

3.5.1 根据公共艺术作品安放地可以分为室内公共艺术项目和室外公共艺术项目

1. 室内公共艺术项目

安放于室内公共空间的艺术作品的项目，这里的前提是公共空间而非家庭等私人空间，例如地铁站候车空间、公共通道、饭店的大堂等。室内空间的公共艺术作品在材质选择上比较自由，可以用硬材质也可以用软材质。（如图3-32所示）

图3-32　室内公共艺术

2. 室外公共艺术项目

安放于室外空间的艺术作品项目，例如广场雕塑、室外大型浮雕、空间艺术造型、街道艺术化家具等。（如图3-33所示）

室内公共艺术项目与室外公共艺术项目的区别在于，室外公共艺术项目一般体量比较大，能满足远看效果，对材质的要求也会倾向于比较硬的材料。

图3-33 室外公共艺术

3.5.2　根据有无实用性可以分为纯欣赏类公共艺术作品和有实用性的艺术作品

1. 纯欣赏类公共艺术

　　雕塑、壁画、空间装饰等在一般情况下属于纯欣赏类公共艺术，作品本身只具备观赏和精神体验的作用，与人的必要物质行为（坐立行等）不发生关系或关系不大。（如图3-34至图3-35所示）

图3-34　《海豚门》　钦州三娘湾国际海豚公园大门公共艺术（作者：张燕根）

图3-35　街头趣味小雕塑

2. 有实用性的公共艺术作品

作品本身具有实用功能或者是对公共空间里的实用造型的艺术化处理，如公园或广场设施、道路装饰，桥梁装饰、公车站装饰、报刊亭装饰、街道设施的装饰、 艺术化的座椅、艺术化导向等。（如图3-36所示）

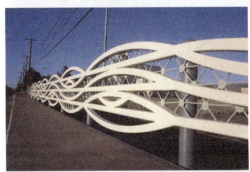

图3-36 有实用性的公共艺术作品

课后思考

　　学习掌握公共艺术创作的几种基本方式，在实际项目中要灵活运用，以求创新。

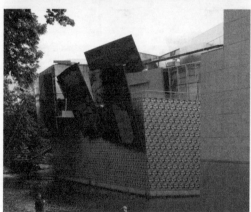

第 4 章
公共艺术规划
与设计表现

本章概述

　　本章讲述的是公共艺术设计的步骤及如何绘制效果图方案，从公共艺术规划的开始，包括调研、概念、初稿到最后方案的形成以及深化方案等一系列过程，用以解决制作公共艺术设计方案的问题。

教学目标

　　掌握公共艺术设计方案的形式以及制作，运用手绘、软件设计、制作小稿、PPT等方式演示方案，同时针对不同项目应如何运用一些绘图技巧来完成公共艺术设计。

本章重点

　　公共艺术的设计方案不同于纯艺术创作的草图方案，也不同于建筑、景观的设计方案，它既是一个艺术创作的蓝本又是具有沟通功能的图解表现。

4.1 公共艺术规划

4.1.1 公共艺术规划概述及方法

在公共艺术创作中，无论是一个单件造型的设计还是多组群体造型的设计，都涉及布置与安放的问题。公共空间是公共艺术作品的母体，公共艺术从属于这个空间，同时公共艺术作为亮点，又凝聚了这个空间的意义，代表这个空间。所以，一件作品如何能在这个空间中凸显其意义，位置和尺度起到了重要作用。

在传统的纪念性广场设计中，通常会在广场中心位置设计一个尺度很高的纪念碑，形成这个广场的视觉中心，或是在广场的正入口处建立一组或几组雕塑，给人以提示，说明广场的用途和意义。再者就是在广场内设置多个节点，安放一些不同形式的艺术作品，形成节点的串联，来表述一定的意义，这些都是比较普遍的规划方式。（如图4-1所示）

图4-1 古罗马广场建筑与艺术的空间关系

当代公共艺术的概念和形式都已经与以往不同，不能用几件雕塑或壁画来涵盖。当代艺术的一个重要要求是艺术作品要为观者提供某种体验，这就要求不能单纯地只是几个雕塑作品的视觉欣赏，而是多种艺术手段相互结合，以营造出某种意境和氛围，因此当代的公共艺术创作就要求设计者不能像以往一样填鸭式地去做公共艺术。填鸭式指的是在大型建设项目中，先由规划设计师做好整体规划方案，然后由建筑师和风景园林师再进行区域化设计，最后留有几个节点给艺术家进行公共艺术设计，这样的过程中，公共艺术的设计往往非常被动，成为建筑、景观的从属，变成一种补白甚至会显得无足轻重，这就违背了公共艺术的初衷，很难形成空间中最具凝聚力的象征。（如图4-2至图4-3所示）

图4-2　作品通过一个裂痕分割形体，表现出一种割裂时间和行为的寓意，作品又与背景的大海形成对比关系，强调了为某事而纪念的独特感受

图4-3　当代的纪念碑设计与传统纪念碑在形式和内涵上都有较大差别，作品通过简约的造型形态与缓缓流水形成一种氛围，为观者传达出某种情绪的共鸣（作者：林璎）

1. 公共艺术规划的作用

（1）当代的公共艺术设计应该从整体建设项目设计之初就参与其中，参与整体规划，从最初的规划时期就提出公共艺术的设置计划、资源分配比例建议等。如在纪念性项目或表述特殊意义的项目中公共艺术所占比例应该增加，这样才能彰显其意义，充分发挥公共艺术的象征与凝聚作用，而像普通的住宅小区公共艺术，作为装饰点缀的作用，所占整体资源比例可以较低。

（2）当代公共艺术的要求是创造场域精神，让观者步入其中后多维体验其艺术魅力，这就要求公共艺术设计者就不能简单地从几个节点入手设计，而要从多维空间出发，利用空间环境去设计作品，地面、墙体、空中、建筑物内外空间、环境设施等都应该考虑进来，而不是以往的有一面墙，只能在墙上做浮雕的考虑，而是在一个空间中怎样运用艺术语言传达某种美感和文化信息，这就要求公共艺术设计者要充分了解整体工程的格局，以提出配合公共艺术设置的环境条件。

（3）当代艺术语言的多样性与多重审美体验性使得公共艺术设计应在整体项目规划设计初期就参与其中。当代艺术的多维体验性可以让观者多感官体验其中，不但只有视觉效果，还包括触觉、听觉、嗅觉、记忆、参与等效果，体验场域传达的所有信息，这就要求在公共艺术作品设置的空间应具备适合这些作品安装的条件，公共艺术设计者早期的介入有利于公共艺术与环境的适应。

所以，公共艺术规划设计是有必要的，而且是十分重要的，这不仅仅有利于公共艺术的顺利实施，也是对整体建设项目的完善。（如图4-4所示）

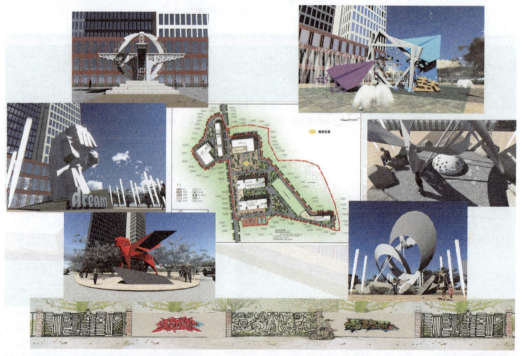

图4-4　某商业区公共艺术规划（作者：丁硕赜）

2. 公共艺术规划步骤

（1）了解项目概况

通过与投资方接触取得项目的基本资料，如建设地点、规划土地面积、建设项目内容、对公共艺术的投资预算、投资方对项目的要求等。

① 了解整体项目的主题思想和功能，进一步对项目进行区域划分，拟出设置公共艺术的地点和表现内容。

② 搜集项目背景资料，如当地的风土人情、自然风貌、人文典故、生活状况、习俗等。

③ 搜集素材。搜集与当地文化或是要表现文化相关的形象资料。（如图4-5所示）

图4-5　各种搜索素材的方法

（2）概念性设计

① 根据投资方对项目中公共艺术的投资比例，预想出公共艺术作品的数量、规模、尺度、材质等，规划出一个范围。

② 整理资料。运用搜集到的资料进行归类总结，提炼出有代表性的视觉形象，整理成可运用于公共艺术的形象素材，以确定哪个区域要表现什么内容和题材，并确定各个艺术造型的表现内容和思想。

③ 绘制公共艺术的概念性规划方案。这个阶段还属于初级阶段设计，不必在作品的具体设计上大作文章，主要是确定公共艺术作品的数量和形式，明确哪些地方需要放置公共艺术，划分出重要位置、次重要位置、一般性的位置，根据位置重要性的不同，所要表现的内容题材、尺度、材料也会不同。

④ 公共艺术规划序列。首先要确定主体造型的位置、尺度、内容、风格，然后再确定次级主体造型的位置、尺度、内容和风格，以此类推，最后考虑一些小的装饰物。顺序是由大到小，由重点到非重点，以点连线，以线代面。

⑤ 明确公共艺术规划的内容。根据该整体建设项目的主题及功能意义，预设出所有公共艺术所要表现的内容、尺度、颜色、风格、材料、工艺、成本、工期等。

⑥ 制作公共艺术项目规划书。一般的公共艺术项目规划书中的内容为整体建设项目总平面图、整体建设项目内容介绍、整体项目中建筑和园林景观介绍、对公共艺术的要求内容的文字介绍、公共艺术所在位置标注、对公共艺术的限定内容等。（如图4-6所示）

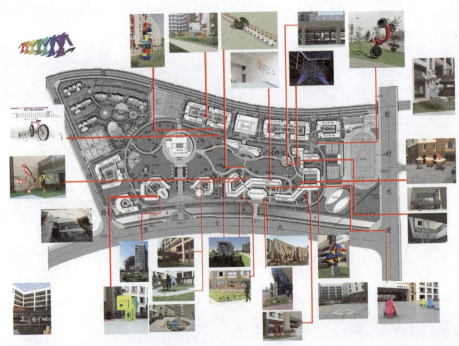

图4-6 《广西艺术学院相思湖校区公共艺术规划与设计实践项目征集》（作者：广西艺术学院公共艺术系研究生、本科生）

4.1.2 公共艺术规划制图

1. 平面图

项目的总平面图一般不由公共艺术设计者绘制，而是由规划设计师或风景园林师来完成，公共艺术设计者可以给出对公共艺术设置的建议，如公共艺术作品的位置在哪里更合适，周围的景观如何烘托公共艺术作品，公共艺术的尺寸和体积大概是多少，是否与周围环境相协调等。（如图4-7至图4-8所示）

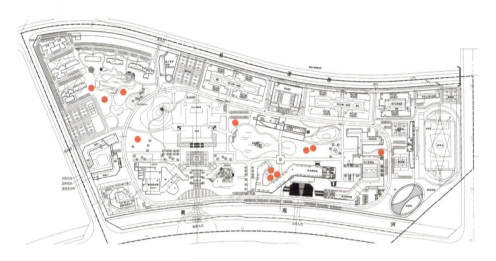

图4-7　广西艺术学院相思湖校区公共艺术位置图

图4-8　某公寓景观平面图

2. 立面图

公共艺术设计中的立面图，是作品直观轮廓的描绘，也是对公共艺术作品与周围环境比例、尺度、空间关系的描述，另外立面图又是施工结构图交给施工团队作为施工的依据。（如图4-9所示）

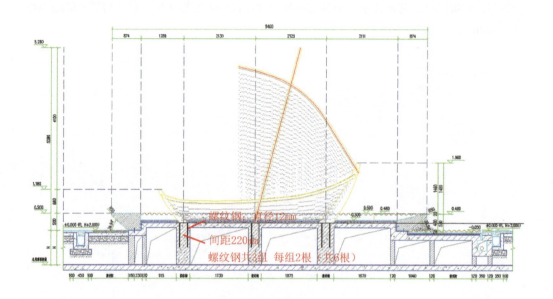

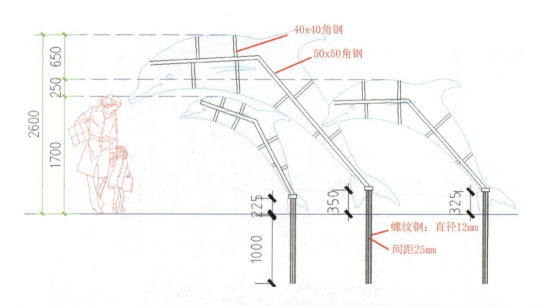

图4-9 某商业区公共艺术立面图

3. 示意图

公共艺术规划阶段是提出概念性方案的阶段，属于初步作品的形态设计阶段，通常状况下是提出设想和作品轮廓，示意图的作用在于表现作品的形式、尺度或细节，以明确设计方向。（如图4-10所示）

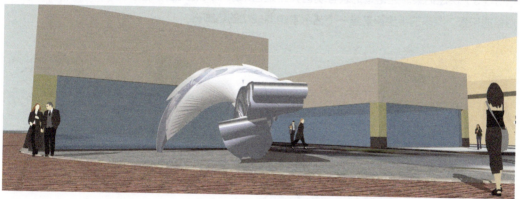

图4-10 《速度·激情》 汽车主题性公共艺术方案示意图（作者：丁硕颐）

4.2 公共艺术设计表现

4.2.1 手绘方案

1. 手绘在公共艺术设计中的运用

（1）手绘可以使想法快速地跃于纸上，可以记录瞬息万变的灵感。

（2）手绘是积累素材的重要手段，是田野调查、外景写生的最佳方式。（如图4-11所示）

（3）手绘是与甲方或协作团队的交流工具，有好的手绘技能可以在与甲方现场沟通时快速交流想法、快速展示设计理念，同时也可以获得甲方更多的认同感。

2. 手绘的诸多优点

（1）构图练习。由于手绘的快速表现，我们在做方案时可以快速地表现出我们想要的画面布局，也可以画出多个草图进行对比、推敲和反复研究，确定出最终我们想要的效果。

（2）推敲形态。当我们对一个形态设计不满意时，可以快速地画出多个形态进行对比，还可以在一张草图上反复修改，直至满意为止。（如图4-12所示）

（3）快速记录。无论是记录客观世界还是艺术家个人的灵感，随手就画方便了我们对艺术形象的积累，深厚的手绘积累是一个艺术家走向成功的垫脚石。

图4-11 手绘方案（作者：丁硕赜）

图4-12 手绘方案《山·灵》（作者：丁硕赜）

3. 配景练习

配景的目的是为了配合主体公共艺术的效果表现，配景本身处于一种从属地位，不能过分突出和强调。表现配景时要注意画面透视关系。注意选用和组合的逻辑性，要注意地域性、季节性、场地功能性等，如南北方植物的差异。场地的性质不同，应注意选择不同类型的人物做配景，例如商业区的设计中应以时尚男女的形象为主，少儿活动中心会以儿童为主等。

配景的内容通常有：人物、铺装、建筑物、植物、天空、水体、车辆、道具等。（如图4-13所示）

图4-13 配景练习（作者：谢兴）

4.2.2　设计软件效果图

计算机效果图方案演示是在近些年来最常用的方案演示方法，将设计软件设计好的方案打印成图纸，再装裱后就可以展示了。其优点是方案携带和展示都很方便，设计者可以拿着方案直接给甲方讲解、与甲方沟通，不受环境制约，随时随地可以进行方案展示。

计算机效果图的另一个优势在于，设计软件的使用可以大大节省设计者的绘图时间，也方便于后期修改和调整，画面可以很真实地模仿作品完成后的效果，同时也可以多角度展示或表现不同光线下、不同季节里作品的效果。

现在的设计软件十分繁多，表现不同功能、不同效果的设计软件有很多种，设计者可以根据个人喜好选择不同的软件进行设计，对个人风格发挥有了巨大的优势。（如图4-14至图4-15所示）

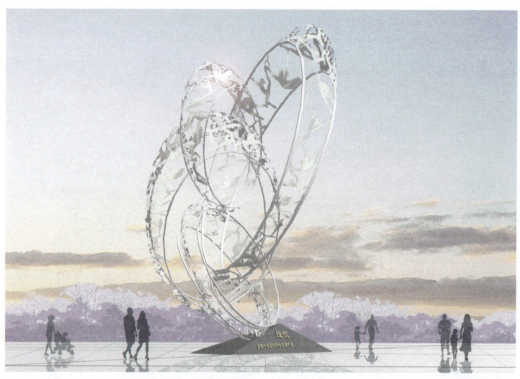

图4-14　《绽放》　体操雕塑设计方案（作者：丁硕赜）

图4-15 《77立方》广西艺术学院相思湖校区公共艺术设计方案。2015年是广西艺术学院建校77周年，本方案运用解构主义手法，以徐悲鸿先生书法将广西艺术学院校训"亲爱精诚"镌刻于77根柱子上，其中每根柱子代表着我校建校以来的每一年，每根柱子上又用文字记录着1938年以来广西艺术学院每一年发生的大事，以大事记的形式记录着广西艺术学院的发展历程。观赏者可以随着脚步的移动产生不同的视觉效果，也可以走入其中与其互动，感受着广西艺术学院建校以来的风风雨雨。本方案不仅是一件装置性的公共艺术作品，同时也是承载广西艺术学院发展历程的一座丰碑。（作者：丁硕赜）

4.2.3　手绘与软件结合设计

手绘与设计软件相结合的设计方案，先手绘好想要的造型，扫描成电子文件。在电脑上，用3D类软件制作好场景，再把扫描的手绘图导入进场景，再进行处理，融合成一幅画面。这种方式的优点是既可以保持手绘的生动性又可以创造真实的场景效果。（如图4-16所示）

图4-16　《篮魂》　篮球雕塑设计方案（作者：丁硕赜）

4.2.4 小稿设计方案

小稿方案是一种历史悠久的设计方式，我们经常会看到的一些名家的雕塑作品，有些就是为某个项目而制作的方案，这种方案大多用于展示立体类作品的设计，如环境雕塑或空间造型的小模型。

小稿的优势在于可以直观生动的表现作品形态，作品可以从各个角度观看一览无遗，同时设计者在制作时有很大的发挥空间，可以反复推敲修改，另外也可以向甲方展示设计者的艺术水平，让甲方信服。此外小稿也可以转换成硬材质后保留下来，成为设计者的个人作品。（如图4-17所示）

图4-17 《怜马》 雕塑小稿与放大后的作品（作者：丁硕赜）

4.2.5 方案报告书制作

PPT，全名PowerPoint，是现在广泛使用的方案演示工具。其特点是运用电脑播放，同时还要使用投影仪、音响、麦克风等设备，可以在会议室、礼堂、广场等大空间内向甲方演示方案。PPT本身只是一个播放软件或者说是一个展示平台，而其播放的内容才是关键，怎样制作PPT内容是设计者要研究的重要命题。

（1）在设计者制作PPT时首先要考虑到所选用的模板，也就是画面背景要符合设计项目的主题。例如设计一所小学校园公共艺术项目时多采用明亮、清新、活泼的页面，营造出朝气活力的氛围；设计高档住宅区项目时可以采用奢华、富丽的画面背景。

（2）PPT多以图文并茂的形式展现，公共艺术的设计方案最好以图片为主，文字解释不易过多。公共艺术是一门形象艺术，甲方更多的是希望看到作品的效果，而文字解释要言简意赅，让甲方听到他们想听的即可，不要啰嗦或使用过于专业的术语。另外PPT的页数也不宜过多，除非是非常大的项目，页数可以根据所讲述的作品数量而定，一个单件作品有一两个页面即可，讲到重点作品时可增加几个页面，多角度、深层次的展示设计。

（3）制作PPT时也可以结合一些音效、视效等特殊效果，以烘托作品的氛围或放一些与设计有关联的内容，形成比喻、象征等手法以增强设计的说服力，同时如果能在PPT中结合一些动画演示也不失为一种好的方法。

（4）制作PPT时也可以结合立体模型，全方位的展示手段会让方案赢得更多的加分，同时要注意编排的逻辑性和节奏，注意突出重点，详略得当。

以下是一个项目的实际案例，由于项目规模较大，运用常规的方案难以展示，所以制作成环游动画的形式来给甲方进行讲解。（如图4-18至图4-19所示）

图4-18　《武警某部营区公共艺术墙》（作者：张燕根主持，丁硕赜、李凤参与设计）

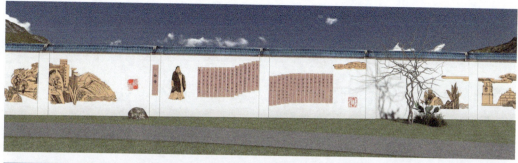

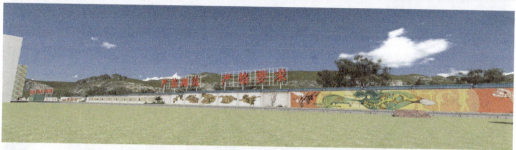

图4-18 《武警某部营区公共艺术墙》（作者：张燕根主持，丁硕赜、李凤参与设计）（续）

图4-19 《武警某部公共艺术墙》创作完成（作者：张燕根主持，丁硕赜、李凤、李华清、农伟等参与制作）

图4-19 《武警某部公共艺术墙》创作完成（作者：张燕根主持，丁硕赜、李凤、李华清、农伟等参与制作）（续）

4.2.6　广西艺术学院公共艺术系学生设计方案欣赏

广西器官捐献者纪念碑方案设计（如图4-20所示）。

图4-20　《广西器官捐献者纪念碑》中标方案（作者：林樱子）

广西艺术学院相思湖校区公共艺术大赛入围方案（如图4-21至图4-24所示）。

材质：陶瓷
尺寸：视墙面大小而定
名称：《海阔凭鱼跃》
材质：玻璃钢
尺寸：30cm／个，数量视墙面大小而定
位置：美术学院与造型艺术系平台处

设计说明：由于相思湖校园的建筑整体色调比较灰、雅，现设计一件色调比较活泼的作品来
激活该空间，运用鱼本身轻松活跃的形式来喻意师生们能在工作学习、生活中都能海阔凭鱼
跃，天高任鸟飞。
作者：赵文娟　造型艺术系公共艺术设计2010级研究生　指导老师：张燕根

图4-21　《海阔凭鱼跃》（作者：赵文娟）

《给与予》

设计说明:

　　此方案造型好比老师和学生的对话，一高一矮，相同的断口处犹如教与学，问与答的状态，两个形态似连非连，单个形态充满了变化。虽形同而以不同，好比授之于鱼，不如授之于渔。

材料：钢板烤漆

尺寸：长2000mm 宽800mm 高3500

设计方案二<给与予>

地点：设计学院院内处

图4-22 《给与予》（作者：朱岩）

《舞动青春》

　　随着城市化的发展，现代人的生活越来越像生活在小小空间中的小蚂蚁，每天穿梭在一个个不同的方盒子里，规律、沉闷。人人都追求时尚、活跃、新鲜的生活，这样跳跃的符号是否吸引您停下匆忙的脚步呢？跳跃、舞动着的音符，穿着鲜艳明亮的波点外衣，向您展示着她们独特、优美、青春、完美的舞姿，如随时展现自我、展现活力时尚的街舞爱好者，如朝气勃发、不断拼搏的运动者。她们吸引您的眼球，她们渲染您的心情，她们带动您健康向上的生活态度。请伸出您热情的双手，随着她们热烈地为生活热舞，为生活喝彩吧！草间弥生的波点已经成为众所周知的经典，对经典的传承已成为时尚元素的一部分，每个人都与这舞蹈着的音符一起，穿上时尚艳丽的波点华衣，舞出自己的理想、活力与快乐。您，hold住了

图4-23　《舞动青春》（作者：苏越）

《奔跑的音乐》

作品名称：《奔跑的音乐》

作者：10级公共艺术设计1班　覃禹舒（15277080263）
整个作品高2.5米
一个轮子宽大概80厘米

材料：中间红色部分是烤漆金属，四个耳机形状是用亚克力（高温塑料）仿真而成。

　　它整体形象像是一个正在奔跑的欢悦的人，又像是一辆车，耳机像是轮子，使作品增添了很多趣味性。

　　作品主要是想体现学生们活跃的、舞动的、充满活力的青春。青春的我们就是要欢悦，奔跑，释放活力，享受动听的音乐。现代的我们多数是用耳机来听音乐，所以我用耳机代表了音乐。

　　此作品放置于学生宿舍E栋前方的草坪上。

图4-24　《奔跑的音乐》（作者：覃禹舒）

某高校校园主题性公共艺术《无极限》（如图4-25所示）。

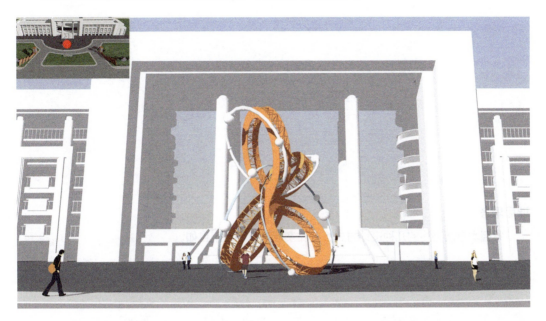

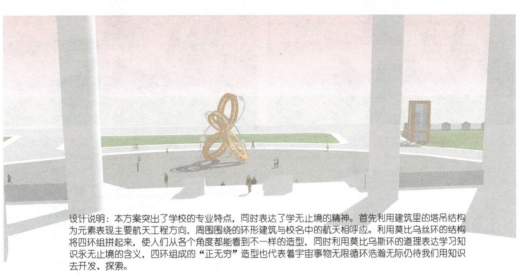

设计说明：本方案突出了学校的专业特点，同时表达了学无止境的精神。首先利用建筑里的塔吊结构为元素表现主要航天工程方向，周围围绕的环形建筑与校名中的航天相呼应。利用莫比乌丝环的结构将四环组拼起来，使人们从各个角度都能看到不一样的造型，同时利用莫比乌斯环的道理表达学习知识永无止境的含义，四环组成的"正无穷"造型也代表着宇宙事物无限循环浩瀚无际仍待我们用知识去开发、探索。

图4-25 《无极限》（作者：李晓宇）

课后思考

　　掌握本章所讲述的几种设计方式，要在实际项目中运用自如。

第 5 章
公共艺术
项目流程

本章概述

　　本章讲述的是公共艺术项目流程，即公共艺术创作的整个过程，也是公共艺术设计的最终实现方式，本章以一个具体的公共艺术项目为实例，讲述公共艺术的具体实施过程：前期考察——收集资料——酝酿方案——提出方案——施工制作等进行讲解。

教学目标

　　通过学习本章，掌握公共艺术项目从设计到施工的整个过程，力求与社会实践结合，整合相关专业知识，培养综合实践能力。

本章重点

　　掌握公共艺术项目的每个环节，强化公共艺术项目的整体操控能力和统筹能力，培养对每一个环节都精益求精的工作态度。

5.1 公共艺术项目流程的概念与内容

5.1.1 公共艺术项目流程的概念

1. 公共艺术项目

公共艺术项目就是艺术创作的社会任务，是投资方（甲方）通过招标或委托方式把某一区域空间里需要设计和制作的艺术作品交给公共艺术创作者来完成的项目。公共艺术项目一般可大可小，大到整个区域的所有公共艺术作品，例如一系列大型的城市雕塑或上千平方米的壁画、一整套艺术性的公共设施、一个区域的所有空间装饰等；小到一组或一件小尺寸的艺术造型，例如室内空间里的一组小摆件或小幅的画作。但无论项目是大是小，我们接到项目后都要认真的去完成，好好把握实现作品的机会，这也是专业精神的体现。

2. 公共艺术项目流程

公共艺术项目流程，顾名思义就是公共艺术项目从头到尾的整个制作过程。公共艺术项目不同于土建、园林等项目的施工过程，公共艺术项目的设计到制作、直至最后完成都是由公共艺术家或公共艺术专业者参与的，而其他工种（如建筑行业的砖瓦匠）无法替代，因为公共艺术是从整体到局部的艺术创作，甚至越是到局部就越要精妙，精妙的局部又要统一于整体，正是艺术行业的这种特殊性，决定了艺术作品只能由艺术工作者亲自来完成。

5.1.2 公共艺术项目流程的内容

在接到项目后，通常以三个大的阶段完成项目。

策划阶段—设计阶段—实施阶段。（如图5-1所示）

图5-1 公共艺术项目完成流程图

1. 策划阶段

（1）项目资料的收集

了解项目的全部资料，包括甲方单位的性质、项目的性质、项目的背景资料、甲方预期的效果，制订工作计划。

（2）主题思想的形成

通过对甲方要求、项目背景资料的研究、现场环境的考察，提炼出项目的主题、形成核心思想、明确设计方向。

2. 设计阶段

（1）提出概念

对整个项目进行规划，提出在哪些位置适合什么样的公共艺术，公共艺术的数量、规模、内涵等信息；对提炼出来的主题思想进行形象化，对作品的位置、尺寸、颜色、材料、氛围等有初步的表现，用草图、小稿、展板、PPT等方式的演示方案，同时包括成本估算等信息对甲方汇报。同时可以在一个方向内再设计几个类似的方案供甲方参考，确保设计的成功率。

（2）深化方案

与甲方沟通后确定方案方向或对已经确定的设计方案进行深化设计，以形成可施工的方案，如果是多件或多组作品的设计，要考虑各个作品位置的规划布局，确定各个区域的场地功能与作品主题的关系。深化方案除了考虑作品的形态外还要考虑作品内部的结构问题，尽管公共艺术没有类似建筑设计的施工结构图的行业标准，但对于基础承重、内部受力、外部抗压抗风潮湿等是需要充分考虑到的。

3. 实施阶段

（1）小样稿的制作

公共艺术中经常运用雕塑、装置、设施、壁画等形式，为了更加明确地表现作品面貌或用于施工依据，经常会制作等比缩小的小样稿，雕塑等立体造型的小稿可采用泥塑或立体构成，壁画则要绘制精细画稿和材料样本等。如果需要灯光等环境氛围也可以结合一些光电手段，通常小稿做好后可以用来和甲方沟通、确定后直接放大，作为施工依据。

（2）放大制作

公共艺术项目是由设计者直接统领制作和安装过程的，每个环节都需要由设计者亲自参与，这正是公共艺术工程与其他类工程的最大区别。

（3）安装与维护

公共艺术作品大多是在艺术家工作室里完成的，做好后运到现场进行安装，我们不能忽略安装环节，好作品的呈现与最后现场的摆放位置、角度等有着重要关系，同时安装后的安全性更为重要。

5.2 规划阶段

5.2.1 资料收集

1. 甲方资料

（1）甲方单位资料；（2）甲方主要负责人的资料。

2. 项目资料

（1）作品数量；（2）作品位置；（3）作品尺度；（4）投资预算；（5）工期。

3. 项目主题

（1）项目所在地的文化特征；

（2）作品周边的建筑、景观形态；

（3）项目所在地使用者人群性质；

（4）项目所在地的历史文脉。（如图5-2所示）

5.2.2 场地空间考察

场地空间指的是公共艺术作品安放的物质空间，这个空间的性质决定了公共艺术的性质，设计者在设计之前要尽可能全面地了解现场情况。

1. 场地布局

先拿到场地的总平面图，清楚地知道建筑与景观空间的位置和功能，确定公共艺术设置的位置，公共艺术以哪些建筑或景观为背景。

2. 场地现状

了解整体工程的施工进度，对公共艺术设置提出改造或配合计划，如作品的地基要求和对周边环境配景的改造要求。

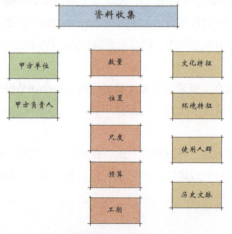

图5-2 资料收集的内容

3．场地自然环境

了解场地的地形、植被、日照、降雨、温度、湿度等环境因素，以确定对公共艺术的影响，这些影响可以决定材料的应用和作品的形态等因素。

5.2.3　区域文化的考察

公共艺术作为文化的物质载体，文化价值表现是公共艺术存在的首要目的，所以在设计公共艺术之前要充分了解场地的文化内涵：本区域有什么样的历史文化，现在有什么样的事情发生以及对未来有什么样的愿景，这些都可以决定公共艺术的主题方向。

1．考察当地的历史文化

（1）通过查找网络资源或图书馆翻阅文献资料。

（2）到当地走访，考察当地的博物馆、遗址等了解当地的历史文化，收集资料。

（3）咨询、采访一些了解当地文化的人士，如事件的经历者、文化研究人员。

2．当地现有状况的考察

（1）可以通过网络、文献等资料查询或现场考察的方式获取资料，了解当地现在的自然、人文、经济等方面资料。

（2）与当地政府人士进行沟通，了解当地现在的政策、经济、文化、生活等资料。

3．当地未来愿景

（1）通过政府官网或政府人士了解当地未来发展方向，城镇主题文化等。

（2）走访民间，了解当地居民对当地未来发展的设想和期望。

5.2.4　文化形像的整理

在收集到以上一些资料后，要对这些零散的资料进行总结、归纳和概括整理，但公共艺术不同于文学艺术，公共艺术最后是要以某种视觉艺术的形式呈现，所以收集视觉文化形象资料很重要。

（1）通过文献资料或考察博物馆等地方的形式收集当地的艺术符号，例如当地的建筑装饰风格、当地传统服饰、传统家居用品等，收集有特色的艺术形象。

（2）了解当地人的生产方式、生活习俗、相貌特征等特色文化。

（3）了解当地出了那些名人以及重要事件或一些奇闻轶事等。

5.2.5　当地可用作公共艺术的材料与工艺的考察

了解当地惯用的材料，例如当地开采的石材、木材是否可以用作艺术材料，往往这些材料就能体现出当地的人文内涵，也可以在当地选择一些没有被用作艺术品的新材料，艺术的材料选择是无边界的，但要因地制宜的选材，同时要避免资源浪费。

在设计之前把资料收集得越完善，做方案时就越是胸有成竹，方案也会越有说服力。

5.3 设计阶段

本节为了更好地让读者理解公共艺术项目的流程，编者以一个已实施的《南宁市民歌湖公园公共艺术项目》作为案例进行对应讲解。

5.3.1 主题思想与设计概念的形成

当我们对整个项目的所有状况有了理解之后接下来的工作如下。

（1）考虑在哪些位置可以安置公共艺术，这些作品应该以什么面貌出现，做出公共艺术规划，归纳出哪些地方可以放置雕塑，放置什么样的雕塑，这些作品之间可以产生怎样的联系，形成什么样的氛围。

（2）当对公共艺术位置和公共艺术的形式有了一个预想之后，要整理好收集到的素材，给作品设定主题，在一个大的主题框架之下，思考每件作品所表现的内容是什么，功能是什么，入口或广场中心的主体作品表现什么样的内容，一些次要节点的作品表现什么，它们之间形成怎样的联系、观者会有怎么样的体验等。

（3）对整体公共艺术有了规划设想后，对每个作品要有具体化设计，例如，主题雕塑（主体造型），表现什么样的思想内涵，作品的尺度与材质，制作手段是抽象还是写实，作品与周围环境的关系等。

（4）运用什么样的艺术语言能串联所有作品，既显得多样化又统一，形成某种语境，以表达此区域的文化内涵，这是公共艺术专业的重要课题。（如图5-3所示）

图5-3　南宁市民歌湖公园整体公共艺术规划（作者：张燕根）

5.3.2　设计方案

设计方案的过程通常是：草图—效果图—甲方沟通—改进深化—确定方案。

1.　手绘草图

根据对项目的不断深入理解提出主题：水、生命、自然、关怀、对话、音乐等，开始推敲形象，画出草图。（如图5-4至图5-5所示）

图5-4　《觅》手绘草图（作者：张燕根）　　　　　图5-5　《和风一迎》手绘草图（作者：张燕根）

2.　与软件结合

手绘与设计软件结合的方案。（如图5-6所示）

图5-6　《岁月如歌》方案（作者：张燕根）

3. 效果图方案

　　根据项目的推进，不断深化，最终确定方案如下：一些作品被设置在广场中心、休闲聚集地、交通节点，一些设置于绿地。（如图5-7至图5-10所示）

图5-7　《关爱》效果图

图5-8　《觅》效果图（作者：张燕根）

图5-9 《润物》效果图

图5-10 《智慧之果》效果图（作者：张燕根）

4. 施工图

具体施工图。（如图5-11所示）

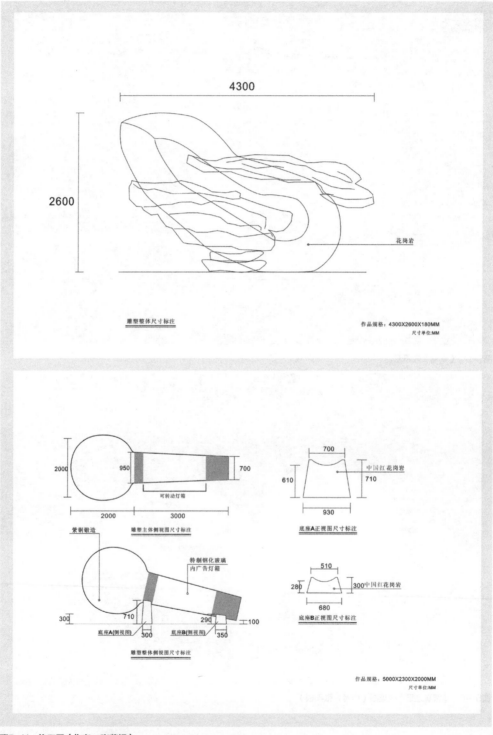

图5-11 施工图（作者：张燕根）

5.4 施工阶段

通常的施工项目，像建筑、园林等行业的设计者在甲方认可、通过了设计方案后基本就已经完成工作了，只要在后期实施过程中对项目的实施进行跟踪，检验工程的完成是否符合设计标准就可以了，而公共艺术是一门特殊行业，艺术的质量没有行业统一的标准，是设计者个人所设立的标准。在项目实施过程中设计者发挥主导作用。设计者在制作团队中的作用类似于电影的导演，需要策动和推进整个项目的实施，甚至对作品中的每个细节都要反复推敲以达到最后效果的完美。很多优秀的公共艺术家既是设计者又是实施者，需要以极高的专业精神参与到作品创造的每个环节中。（如图5-12所示）

公共艺术实施是公共艺术作品创作的最重要的一步，当设计方案已经获得甲方的认可后，开始放大制作，也就是按照设计方案制作成型。

1. 制作条件

（1）制作场地；

（2）制作材料；

（3）设备。

2. 组建团队

大型的公共艺术项目在造型制作时，除了艺术家自己动手之外还要组建制作团队，团队多是以专业的艺术人士组成，团队的实力与素质是作品成败的关键。

团队内部可以以分工合作或小组合作的方式等完成创作，由能力最强的艺术家整体掌控。

3. 制作实施

制作过程中要考虑到工期和统筹资源，以好钢用在刀刃上的原则，把好的资源用在重点和整体效果上，同时要考虑施工的安全。

4. 甲方验收

当作品制作完成后请甲方来验收，验收合格后请甲方签字，确定可以出厂安装。

5. 安装作品

安装时要确保现场条件：（1）有电源和水源；（2）运送车辆和吊车如何进场施工；（3）安装时的安全以及安装顺序等，要充分考虑到这些因素。

6. 后期维护

一件作品就如同艺术家的孩子，不能孩子生下来就不管了，在今后的日子里还要照看孩子的成长，要对作品进行定期维护。

公共艺术工作者要有艺术家的创造性思维，又要兼有工程师的理性思维。公共艺术是人文科学和自然科学的结合学科，所以要成为优秀的公共艺术家必须要学习探索很多不同学科，要付出巨大的努力和艰辛。

图5-12　公共艺术实施阶段

5.5 完成阶段

《觅》（作者：张燕根）

觅水？觅情？仁者见仁，智者见智。作品试图表达生命对水的渴望与崇敬。希望观者在视觉愉悦的同时感知一种暗示，珍惜水资源，保护生态环境，让大自然之水永存

《听》（作者：张燕根）

听风声、雨声，听湖水涟漪的缠绵，情人羞涩的私语，浪花飞舞的欢笑，听都市仁人和谐生活喜气嘹歌之声

《对话》（作者：张燕根）

东西方由于文化差异需要对话，国与国由于国力差异需要对话，民族与民族由于习俗差异需要对话。对话是一种平和自信的态度，人类因为缺少对话而引起许多冲突、对抗乃至战争，使人类蒙受灾难之苦。作品以抽象的人物造型，相同的心态相等的高度，不同的材质颜色代表不同的肤色或民族，站在同一个平台上平等对话，正是此作品所寓意的"平等、和谐、合作、共享"中国——东盟博览会理念的最好诠释

《和风—迎》（作者：张燕根）

迎东盟自贸区的建设之风，迎北部湾强进发展之风，迎南宁充满生机、活力之风、迎和风、春风、顺风，迎来美好生活和谐共享

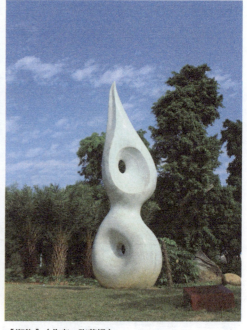

《润物》（作者：张燕根）

似水滴，润物无声，如嫩芽，蓬勃向上，万物复苏，人间有情，知恩图报，美景美情

《智慧之果》（作者：张燕根）
似果非果，似蛋非蛋，是上帝赋予人类的尤物、圣物，脑状的果核寓意智慧、创造、希望

《希望》（作者：张燕根）
朴实的砖与奢华的不锈钢材料，相衬相融，蛋中有蛋，寓意关怀与呵护，寓意新生与希望，唯美的形态，妙趣的工艺，给人
既古老又现代的感觉，寓意深远，耐人寻味

课后思考

  在所在城市或城市周边地区选择一个具体的区域，如厂区、住宅区、商业区等；做整个区域的公共艺术设计，要在这个区域内至少对三个地点进行公共艺术设计。设计主题不限，作品形式为艺术造型、雕塑、装置、浮雕、壁画、环境装饰等。

  体现该区域的文化特征，打造该区域的文化象征。

第6章
公共艺术
作品赏析

本章概述

本章通过对一些优秀案例的欣赏，感受公共艺术的魅力。

教学目标

认识优秀的公共艺术作品的精髓所在。

本章重点

欣赏当代国内外公共艺术作品，学会分析优秀案例。

克劳斯·布利（Claus Bury）公共艺术作品

克劳斯·布利是德国著名公共艺术家、建筑雕塑家；德国纽伦堡艺术学院教授。其作品以具建筑倾向的造型著称，在专业领域构成风格独特的"建筑雕塑"发展方向。其作品遍及德国各大中小城市，特别是在城市边缘空旷地带的超大型建筑雕塑风格艺术作品的构建，更具震撼力。克劳斯·布利先生有多年在美国、英国等国家的艺术经历，其影响力更辐射到瑞士、西班牙等欧洲国家。

2006年，克劳斯·布利先生的作品《Bitterfelder Bogen》在德国城市 Bitterfeld 落成（该作品总长度达81米，总高度28米，总宽度14米；作品总重量达525吨），是欧洲最大型的公共艺术作品之一。该作品的出现，具有相当的影响力，成为欧洲公共艺术领域不可不谈的巨型作品。（如图6-1至图6-2所示）

图6-1　作品《Bitterfelder Bogen》

图6-2 克劳斯·布利的作品

深圳人的一天

　　由深圳浮雕院院长孙振华先生主持创作的大型公共艺术作品，运用人物群雕、图文浮雕、地景艺术等形式展示了1999年11月29日这一天在深圳这座城市里所生活着的各行业各阶层的人物形象和行为，把那一天永久定格在这个公园里，同时又以文字和数据记录了很多当时的事件、信息。艺术家们力求使作品体现出历史的真实性和对平民百姓生活的关注。（如图6-3所示）

图6-3　深圳人的一天

图6-3 深圳人的一天（续）

种植

悉尼机场出口的公共艺术。作品种植于一个小型的休闲空间，传递出澳大利亚土著文化的气息，同时它们巧妙地利用了周围的植被高矮度以及建筑形态，将公共艺术与环境融为一体，给人以亲切、自然生长其中的感觉。（如图6-4所示）

图6-4　种植

巨龙

悉尼闹市中一个过道的一件令人惊奇的作品，彩色的不锈钢鳞片构成似巨龙、似龙卷风的意象，又似乎在招呼人快速经过。在建筑群中时而呼啸而过，时而又消失在一堵墙中，在不远处的休闲椅旁却又突然从地上冒出，并亭亭玉立地站着不动，这一静一动的对比给人无限的遐想和视觉冲击，令人震撼难忘。（如图6-5所示）

图6-5　巨龙

先驱广场

为了纪念《悉尼先驱晨报》创立150周年（1831年4月18日该报首次发行），由该报所有人Jonh Fairfax and Sons有限公司出资建造了广场的标志性景观——槽流喷泉，并将之捐赠给悉尼市，以供市民和游客休闲娱乐。悉尼市长 Right Hon 和市议员Douglas W Sutherland A.M.在1981年4月16日代表市民接受了这份礼物。（如图6-6至图6-8所示）

图6-6　先驱广场1

图6-7　先驱广场2

图6-8　先驱广场3

悉尼海岸公共艺术座椅

悉尼邦迪海滨浴场前，在商店门口的一排休闲座椅，采用了彩色马赛克镶嵌技术，表现海洋的故事、大海与人的关系，以及环保的理念。总长约300米，以连续性方式唯美地呈现在人们面前，如品读一幅关于海洋故事的画卷，令人赏心悦目。（如图6-9至图6-11所示）

图6-9　悉尼海岸的座椅1

图6-10　悉尼海岸的座椅2

图6-11 悉尼海岸的座椅3

泰国国际机场公共壁画

泰国飞机场旅行到达厅至出口的大型壁画。壁画反映了泰国的人文、历史、习俗等特质，热情的民风，明丽的风光。壁画色彩照亮了大厅，温暖了疲惫的旅人。（如图6-12、图6-13所示）

图6-12　泰国国际机场1

图6-13 泰国国际机场2

维格兰雕塑公园

维格兰雕塑公园（Vigelang Park）位于奥斯陆的西北部。公园占地近50公顷，并以挪威的雕塑大师古斯塔夫·维格兰的名字命名，园内有192组裸体雕塑，共有650个人物雕像，所有雕像都是由铜、铁或花岗岩等材料制成，由维格兰费时20多年精心打造。公园里所有雕像的中心思想——人的生与死。从婴儿出世开始，经过童年、少年、青年、壮年、老年，直到死亡，反映人生的全部过程。（如图6-21至图6-22所示）

图6-14　维格兰雕塑公园1

图6-15 维格兰雕塑公园2

日本箱根雕塑森林公园

日本箱根，以温泉和森林著称，穿过箱根城顺山而上，山顶茫茫林海之间出现一大片阳光和熙的草坪，这里就是著名的箱根雕塑森林公园。箱根雕塑森林公园建成于1963年，一边是青山，一边遥望大海，依山傍水，借助自然风光而将艺术加以巧妙点染，可谓艺术与自然完美结合的范例。箱根雕塑森林公园的主题就是收藏、陈列和展示世界各国有影响的著名雕塑家，如罗丹、马约尔、布德尔、贾克梅蒂、马里尼、曼祖、祖尼加，米勒斯、格姆莱等，以及许多日本著名雕塑家，如舟越保武、佐藤忠良等的优秀作品。（如图6-16至图6-20所示）

图6-16　日本箱根雕塑森林公园1

图6-17 日本箱根雕塑森林公园2

图6-18　日本箱根雕塑森林公园3

图6-19　日本箱根雕塑森林公园4

国内公共艺术作品欣赏

图6-21 《契合》 乌鲁木齐市民广场（作者：伍时雄）

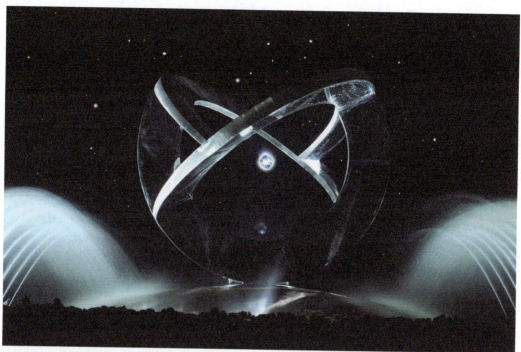

图6-22 《天涯海角星》 海南三亚市（作者：蒋志强）

图6-23 《亲情》（作者：张压西）

图6-24 《珍爱和平·开创未来》——纪念中国人民抗日战争暨反法西斯战争胜利70周年主题雕塑,南宁市昆仑关战役博物馆
(作者:张燕根 丁硕赜)

图6-25 《行知天下》 广西区图书馆主题浮雕（作者：张燕根）

广西艺术学院公共艺术设计专业研究生作品选

图6-26 《映水藏山》（作者：黄荣川）

图6-27 《彩虹》（作者：谢雨珍）

图6-28　《四位一体》（作者：郑阳）

图6-29　《神秘的信仰》（作者：张飞）

图6-30　《方圆之间》（作者：邓剑锋）

图6-31 《我们，当下》（作者：林筱露）

图6-32 《脱》（作者：邓杰）

图6-33 《红椅子》（作者：朱岩）

图6-34 《编"知"》（作者：张阳阳）

课后思考

收集、整理一些国内外的优秀的公共艺术案例，并加以分析，写成论文。

后记 / POSTSCRIPT

　　艺术教育是一门特殊的，随着时代的变化而不断创新发展的教育科学研究工作，特别是艺术设计学科，从世界范围来看，包豪斯时期在现代设计教育领域是一个典范和颠峰，影响深远。如今，世界发生了巨大变化，各种教育思潮层出不穷，但我认为科学严谨的教学方法，符合时代要求和引领时代潮流的公共艺术作品，永远是公共艺术教育不变的追求。在我们的公共艺术设计教学实践中，在注重传统文化的吸纳与审美能力提高的基础上，科学施教，心手并进，突出强调学生们要多读经典书籍，从中吸纳养分，滋育品性；注重课题教学和专题项目的实践。我的教学思路是：希望通过课题和项目的实际操作训练，鼓励学生们不断进行严谨的、渐进的创作创新，鼓励学生们打开想象的翅膀，动手动脑、多画草图，不断将想法通过草图呈现出来，通过看草图会敏锐地发现某个点，从而去引发学生们思考并深入研究，将点滴闪光的东西深化与升华，学生们在此过程中会萌生出许多想法，我们不断给他们鼓励和建议，逐步形成了方案或作品或理论研究的成果。虽然过程中由于学生基础不同而有的思维上一时跟不上，导致步伐不尽如人意，但如此科学的教学设计，充分调动了他们的学习热情，使得学生们坚持努力与勤奋，并持续地完成每一个实践，只要有一个持续的过程，定能赶上前行的步伐。通过各种不同形式教学课程的合理安排，巧妙衔接，对不同材料质地的感知，以及动手制作能力的培养和对空间尺度把握的探索，审美能力的训练，在课堂上常常被要求，创作时常常提到的基本功在这样的过程中反复得到训练、补充和提高，并力求达到手、心、脑的协调同步发展与进步，这种课题教学法、专题项目研究法的价值和意义，已经通过我们在教学中许多学生创作上的成功体会得到了验证。当然，我们很难将每一个学生都培养成艺术家，但我们几乎将所有学生对艺术探索的热情都充分调动了起来，他们积极地投入创作、研究之中，有的学生甚至是废寝忘食地泡在教室或工作室实践着自己的公共艺术创意理想，这不能不谓之是一种感动。作为老师甚感欣慰。

　　当然，作为老师，我认为，除了有一本行之有效的好教材，要想学生水平高，教师水平也要高；要想学生见识广，教师也要见识广；要想学生作品多，教师也要作品多。有作品、勤创作的老师才是真正的好老师，因为他有作品必然会去更多地参加一些艺术展览活动，交流广、见识丰、有实践经验、有案例可寻，易于直接感化、感染学生，传播的知识更有效。国外很多著名艺术院校每年都会邀请一些社会知名艺术家前去作驻校艺术家或讲学，就是出于此目的。特别是在艺术教育中，这种直接的感染和影响力远比天天坐在教室照本宣科好得多，远比纸上谈兵来得更生动、更直接、更易懂、更有效。同时，提倡老师利用一切机会倾听专家的讲座，与同行进行交流、座谈、对话，并引进先进的艺术创作和教学理念，拓展教学空间，促进教与学的探索。积极倡导学生们走出校园，老师要借助各种能参加的相关国内外学术会议或艺术创作活动的机会，带领同学们去交流学习，从而提高教学质量，扩展学生们公共艺术创作与实践探索的视野。因此，做到以自己身体力行的努力和大量的创作实践成果去影响学生们很重要。

艺术作品是艺术家人格的外化，如今的学生们由于资讯的空前发达，关注的领域很宽阔，创作的形式很自由，但创作什么？怎么创作？有的学生还是很茫然，在我看来这其实并不重要，我认为最重要的是你想给人以什么？因此，我们真切地希望，并努力地使每一个学生都能在4年的学习中，尽快找到正确的学习方法，掌握公共艺术设计的理论与实施方法，明确学习的目标，从而获得更扎实的基本功，并取得丰硕的成果，以便将来更好地服务于社会。

感谢丁硕赜老师为本书的资料整理和编辑工作所付出的精心努力！感谢张泽佳老师的积极参与！感谢所有为本书的图片资料作出积极贡献的公共艺术家们，以及广西艺术学院公共艺术系的研究生和本科生们，是大家的积极响应才使得本书更完整，更有价值和更具时代意义，谢谢大家！

张燕根